学会自己长大

如何成为更好的自己

①

和云峰 著

长江出版传媒

长江文艺出版社

我一辈子都在研究杂交水稻，希望超级杂交水稻走向全世界，解决全世界人的粮食问题；云峰的《学会自己长大》帮助青少年儿童学会独立思考，理性地对待成长的困惑，学会学习，学会自己长大。也希望云峰能够一辈子做教育帮助更多青少年学会自己长大，成为更优秀的自己，为世界的发展做贡献！

——袁隆平　中国工程院院士，杂交水稻之父

青少年是祖国的希望、民族的未来。于此，我希望读过此书的孩子，都能真正如和云峰博士所言，学会自己长大。

——周其凤　中国科学院院士，北京大学原校长

和云峰秉持着这样一个观念：自己是一切的根源，再好的方法也需要自己的执行。和云峰的《学会自己长大》，教你如何思考，如何找到解决方法，从而撬动自身的成长。每个不甘平凡的人，都应该读一读。

——卢勤　"知心姐姐"，著名家庭教育专家

和云峰一直在思考关于成长的问题，这本书最大的价值是告诉我们：学习，一切在于自己。当你学会了自己寻找解决问题的办法时，你就获得了主动权，从而掌握了明天。

——李镇西　著名教育家，新教育研究院院长

古语有云："授人以鱼不如授人以渔。"云峰的《学会自己长大》正是当今教育领域难得一见的授人以渔之书。

——祖书勤　中国关工委常务副主任，中国少年儿童基金会监事

在这个不断变化的时代，青少年的成长环境更加复杂了，该如何面对学习和成长中的问题？云峰的《学会自己长大》为孩子们提供了自助手册，不是说教也不是单纯地给答案，而是帮孩子们学会分析和思考，明白自己是一切的根源，让孩子们有信心成为更好的自己，能够学会自己长大！

——陈志文　中国教育在线总编辑，国家教育考试指导委员会专家成员

当今图书市场，有销量的书未必有营养，有营养的书未必有销量。而云峰的《学会自己长大》却是有销量，更有营养，适合孩子，更适合家长。这实在令人羡慕，也令人赞赏。

——空林子　著名诗人

今人常说，"男人至死是少年。"今人又说，"女人永远十八岁。"然而，某些不曾长大、亦不愿长大的"男生""女生"，也已经为人父母了。买一本云峰的《学会自己长大》吧！给孩子读，更要给自己读。由此，让我们一起学会自己长大。

——赵缺　新国风诗社社长

青少年在成长过程中，逐步学会与自己、与他人、与社会相处，构建良好的师生关系、朋友关系、亲子关系至关重要。《学会自己长大》能让他们深切地认识到：没有人能代替自己的成长，只有自己才能掌控自

己的人生。

——郇庆治　北京大学马克思主义学院教授，教育部长江学者特聘教授

《学会自己长大》不是为你提供具体解决某一个问题的方法论，而是改变你的思考方式，从而改变你的学习方式和行动方式。当你学会了从自己开始思考，就是掌握了人生的主动权。

——赵玉兰　中国人民大学教授、博士生导师，教育部青年长江学者

在当今移动互联网高速发展的时代，青少年正面对着全新的机遇和挑战。每个人都不是一座孤岛。《学会自己长大》中提出的青少年成长中可能遇到的种种困惑和迷茫，相信会让你感到共鸣，生出努力向前的动力。

——姜小川　中共中央党校（国家行政学院）教授、博士生导师

身处互联网时代，我们每天都会接收到大量资讯。唯有学会思考和辨析，在坚持不懈地学习中成长，才能更好地适应时代的发展。可以说，《学会自己长大》不仅是写给孩子的，也是写给家长和社会的。

——程萍　中共中央党校（国家行政学院）教授、博士生导师

成长是个永恒的话题。希望所有阅读《学会自己长大》的青少年都能从中受到启发、汲取精华，让生命变得丰富而辽阔。

——李凯林　中国政法大学人文学院教授、博士生导师

总序

十年磨一剑，成长再起航

关于成长，我一直怀着深深的敬意，自《学会自己长大》出版至今整整十年了。十年磨一剑，这十年我和数万名读者同学交流，看到了无数同学的成长问题和困惑，而这十年也是我人生变化最复杂的十年，我对"学会自己长大"理解得也更为深刻。我们总是在事到临头时焦虑，而事后又开始悔恨，其实，人生可以早知道，我希望这本书能够起到这个作用，帮助更多同学走出成长的困惑，成长中你的孤单有一个知心大哥在陪伴！

在移动互联网的信息时代，一切变化太快了，从以前的博客、公众号文字，到后来的音频，再到现在的短视频，还有网络小说和无处不在的网络游戏，来自网络的诱惑越来越大。学习和成长的环境及要求发生了巨大的变化，如何才能不迷失？如何立足当下，又能够面向未来，适应时代的发展，培养自己不同于父母那个年代的能力，让自己有竞争力？这就需要孩子们学会自己长大，因为未来的学习和成长，更依赖于自己的主动性！

《学会自己长大》凝聚了我做完数十万人讲座和分享后的思考。正如那句话"你可以不成功，但不能不成长"，只要我们还有生命，就一定会成长，而成长为什么样子，我们每个人则不相同。我们常常羡慕别人的优点和成绩，唯独忽略了自己的，一比较就出现了落差——当你无法面对落差时，它会成为阻碍你成长的刽子手；当你能坦然面对，并去利用它时，它又成了你成长的动力。随着成长，我们的认知圈会不断扩大，会遇到各种各样的问题，关于青春和成长，我们逃不开七类问题——自我问题、学习问题、情绪问题、行为问题、人际关系问题、情感问题和目标生涯规划问题。我一直认为问题意味着进步的机会，解决了问题就是一种进步，我们要成长就会突破原来的"空间"进入更大的"空间"，在新的"空间"就会遇到新的问题。

很多同学在遇到问题时，总渴望外界有人能够给予帮助，仿佛外人总有一服"灵丹妙药"，能够解决自己的问题。但每个人的问题各不相同——即使问题相同，出现问题的人与环境又不同。这样的万能钥匙很难寻到。我一直信奉"答案不在别人身上"，自己问题的答案始终在自己身上。今天我们缺少的不是单纯的方法，而是缺少发现问题、面对问题、分析问题和解决问题的能力，你可能看过不少解决问题的书籍，但你照做了还是有很多问题，任何方法都只是方向，每个人的能力、心态以及所处的环境不同，导致的结果可能就大不相同，这时候我们就需要回到纵向，看到自己的成长和进步。

"自己是一切的根源"，移动互联网时代，"连接"和"数据"是它的两大核心，我们可以和其他人连接，能够在互联网获得我们想要的内容，所以，利用各种资源自学的能力是非常重要的。在今天和未来，你会越来越成为"中心"，"学会自己长大"会越来越重要，也正是在这样一个时代背景下，我重新梳理了《学会自己长大》，希望能够帮助大家在移动互联网时代学会自己长大。

在《学会自己长大》系列中，我将向大家展示一个全新的思考和成长体系，面向未来，在移动互联网时代，我们该具备什么样的思维方式？在现在和未来有竞争力，要求我们具备什么样的能力？要想获得这些思考方式和能力，该如何锻炼和培养？面对无处不在的网络诱惑，我们该如何不迷失自己？又该如何利用好网络，让自己成长进步？

我一直秉持这样一个观念：学习，一切全在于自己！你可以把一匹马牵到水跟前，却无法让它饮水；你可以将一个人带到教材跟前，但不能逼他思考。正如世界上最好的老师也受学生的"支配"，如果老师给学生提供的东西学生不去学，那他什么也教不了。所以说，自己是一切的根源，再好的方法也需要你的执行！

我觉得一本书最大的价值不是告诉你解决这个问题用什么方法，而是教给你针对自己的问题如何思考，如何分析自己的问题，如何找到自己出问题的原因，然后针对原因找到解决的办法，最后也是最重要的就是自己的行动，有千百个好想法不行动不落实也是没有用的。

我想给大家一个与众不同的、温暖可接触的《学会自己长大》，书中不仅只是文字，还有短视频和直播。大家可以通过扫描二维码看到我更多的视频分享，我也可以通过直播为大家解惑，我希望它能成为大家青春和成长的一部分。时代已经发生变化，我们无法阻挡趋势，既然互联网已经成为我们生活的一部分，那我们就可以利用这个工具和思维更好地成长！

说实话，没有人希望遇到问题，可是我们要成长就一定会遇到问题，既然我们无法逃避问题，那我们就面对问题，遇到问题不是一味地向别人要方法要答案，而是自己主动寻找方法，要思考反思，要从自身找原因。

当你学会了自己寻找解决问题的方法时，你就获得了主动权，从而掌握了明天。在你分析和解决问题时，请遵循六个原则：

原则一：平复情绪——在遇到问题时，尽可能平复自己的情绪，冲动是魔鬼。

原则二：自己是根源，积极主动——在分析原因时，尽可能把自己当作一切的根源，不要把原因归结到别人和其他因素上，积极主动从自身找原因，找出改善这个问题自己可以做的方面。

原则三：培养成长型思维，发掘自己的优势——坚信我们可以通过努力学习和练习不断提高我们的智力和能力，相信问题是我们成长的机会，只是暂时没有成功，积极发掘自己的优势，培养优势，发挥优势。

原则四：重复乃至成为习惯——解决问题，最后还是要落实到行动上，一旦你找到问题根源，有了解决办法，就要坚定不移地做下去，不断重复下去形成习惯——把解决该问题的方法形成习惯，把寻找方法的过程形成习惯，把解决方法的过程形成习惯，把解决问题的坚持形成习惯。

原则五：面向未来，与时俱进，用发展的眼光，看待自己、他人以及发生的事情。

原则六：学会接受自我，接纳他人。相互理解，接纳彼此，把感受和行为分开；能够接受出现的各种情绪，但为行为划分界限，不认同行为，但可以理解情绪。

十年磨一剑，《学会自己长大》已经影响了数百万人，很早之前，就一直想在全国发起"学会自己长大"行动，帮助大家更好地学习和成长。在这套书重新起航时，我也开启了新的十年之旅，我希望这套书成为一个纽带，连接着更多愿意成为优秀者的你。成长的路并不孤单，因为有我和无数与你一样的人陪你同行！

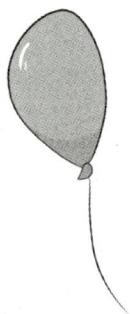

你的成长不孤独，和博士陪你学会自己长大！

在这里你可以看到新的可能性！

从文字到视频，让成长更温暖！

和博士视频号：北大和博士
和博士小红书：北大和博士

扫描二维码，跟和博士一起交流学习与成长

很高兴你能打开这本书，思考如何成为更好的自己！

我相信每个人都渴望自己能变得更好，而且也相信你曾经为之努力过，即使中途迷茫或退缩也不要紧，因为你在任何时候都可以回到让自己更好的路上，这也是《学会自己长大》系列传递给你的信念——自己是一切的根源。

成长就是要成为更好的自己！我把《学会自己长大①如何成为更好的自己》分为六个部分，在前五个部分我和你一起探讨与自己相关的五类问题——如何认识自己、如何看待学习、如何处理自己的情绪、如何管理自己的行为、如何设定目标面对未来；在第六个部分我主要向你分享让自己变得更好的五个主要方向，每个方向都有具体的行动建议。这六个部分不是层进的关系，所以，你可以灵活阅读，关心哪个问题可以先阅读哪个部分。

如果你陷入自我的迷茫中，请先看第一部分，重新认识你自己。在这一部分，我将与你分析探讨下列自我认知问题：你知道自己在意什么吗？什么会影响你？你身上有哪些标签？哪些会伤害你？该如何利用标签让自己进步？你是否有些自卑？你用什么方式看待问题？你知道什么因素影响你看待问题吗？如何塑造积极的自己？如何看待成绩？成绩之外的世界你知道多少？你的价值是什么？

如果你遇到学习的困惑，请先看第二部分，重新认识学习。在这一部分，我将与你交流下列学习问题：毕业也不见得有好工作，那上学还有用吗？现在很多在短视频新媒体中挣钱的人好像都没什么学历，还有必要上大学吗？你知道这个时代的富豪学历的变化说明了什么吗？读书无用到底是谁的借口？面向未来正确的学习观念是什么？学习不好，要放弃吗？怎样才能改变学习态度？如何努力才能获得好成绩？好的学习方法是什么？

如果你不知道如何处理糟糕的情绪，请先看第三部分，认识情绪并寻找处理情绪的方法。在这一部分，我将与你共同分析情绪背后你不了解的下列问题：为什么会考试焦虑？那些不合理的信念是什么？为什么会发挥失常，关键时刻掉链子？怎样调整考试心态？有没有可能心想事成？关键时刻能否超常发挥？为什么会"羡慕嫉妒恨"？怎样摆脱这些"魔怔"？

如果你不知道如何控制自己的行为，请先看第四部分，思考行为背后的原因并找到控制的方法。在这一部分，我将与你一起揭秘那些看似管不住的下列行为问题：为什么会拖拉？你的时间都去哪儿了？怎样管理自己的时间摆脱拖拉？为什么会冲动逆反？怎样才能抑制冲动？为什么会沉迷游戏和视频？网瘾的问题在哪里？怎样才能管理好自己不上瘾？

如果面对未来的选择，你比较迷茫，缺乏目标，又不知道如何设定目标，请先看第五部分。在这一部分，我将与你探讨关于目标和选择的问题。你是否有目标？如何认识目标？如何设定目标？如何实现目标？面对选择，我们该如何取舍，对于未来我们该如何思考？

如果你迫切地想改变，获得一些具体的建议，请直接看第六部分，你可以从五个方向找到让自己变得更好的行动建议，可以直接应用到你的学习和生活中，通过坚持看到自己的进步！

成长就是不断遇到问题，又不断解决问题的过程，你可以选择走入问题的阴影中，也可以选择融入解决问题的阳光里，这都是我们成长的一部分，请选择相信自己，选择努力行动，也许我们无法达到别人的预期，但我们一定可以成为更好的自己！

这本书可以连接更多成长中的你我他，我们彼此都不是孤独的，请开启你的"学会自己长大"，自己是一切的根源！

目录 contents

2
Part two

学习是成长中绕不过的坎儿

3

Part three

糟糕的情绪，到底该拿你怎么办

4

Part four

明知不对，可为什么总是管不住自己

5

Part five

迷茫的未来，我该何去何从？

6

如何成为更好的自己

青春

是最美好的遇见

Part

one

停下来，重新认识你自己

　　成长的路上，最难明白、最难看透的就是自我问题。世界上没有相同的两片叶子，同样也没有完全相同的两个人。你很容易看到别人的问题，却看不清自己的；你常常羡慕别人的优点和成绩，唯独忽略了自己的。也许你还困扰在自身的缺陷中；也许你还迷惘在别人的眼光中；也许你还在模仿着别人，在别人的声音中徘徊；也许……停下！从现在开始，聆听一下自己内心的声音，也许，你会发现不一样的自己。

第一章

谁动摇了你的心？ ——坚定真实的自己

【对话和博士】

我真的不行吗？

　　和博士，以前我是老师眼里的优等生，同学眼中的佼佼者。当我以优异的成绩考入重点中学后，高一的一年将我所有的自豪击碎了。第一次没考好时，我告诉自己，这只是暂时的；第二次没考好时，我依然告诉自己，我能行；可是，第三次，第四次……当老师关注的目光不再属于我，当同学敬佩、羡慕的眼神渐渐远离我，当父母不再把称赞和荣耀挂在口头时，我彻底迷惘了，我不知所措，难道我真的没法适应高中学习，无法学习好吗？整整一年，一次又一次的失败，同学、老师、父母那无声的叹息，真的暗示了我的命运吗？

你在意什么？

　　我想没有人没遭遇过困难、经历过失败，困难、挫折是我们成长的一部分，一个人势必在挫折中成长。中学阶段我也经历了不少失败，成绩也是起伏不定，甚至高考落榜。落榜后，我几乎要放弃，不敢找班里同学，不敢拜访老师，甚至不敢面对父母，只想把自己关起来。其实，遇到挫折难免产生挫败甚至放弃心理，失败不可怕，可怕的是放弃。

　　"逃避痛苦追求快乐"是我们的天性，有逃避放弃的想法并不可耻。在成长的过程中，多数人都动摇过，正如风吹来树会摇动，只要不倒不折就没问题，动摇但不至于放弃。

　　我觉得你关注动摇的事实倒不如关注动摇的原因，很多原因并不像你表面上看到的那么简单。

　　这个高一男孩，看似被一次又一次的考试失利所影响，实则是因为老师、同学、父母对自己不再在意，让他失去了那种自豪感，这才是他难过的真正原因。遭遇失败时，我们常忽略了失败背后的原因，而过分在意失败后别人对自己的看法。

　　我更希望这个男孩回到自己"失败"的事情上，思考是什么导致了考试不理想？题目没做对得不到分数，那为什么没有做对题目，是因为不会做，还是自己"粗心"了？当他关注这些时，大脑就不会胡思乱想；只有当他把注意力集中到找问题和解决问题上，才能找到走出困境的方法。别人的看法对他会产生影响，但别人怎么看他并不能帮他解决问题。

他不应该怀疑自己的能力，因为以往他已经证明过自己是很棒的。

此时，我想问下你有在意的东西吗？（见表1–1）在意老师对你的看法，希望老师能够表扬你？在意同学对你的看法，希望同学能够敬佩、羡慕你？在意父母对你的看法，希望父母能够以自己为荣？你会在意什么？我希望你能静下心想一想。

表1–1　你在意的事情是
1.
2.
3.
4.

你有没有想过自己为什么会在意这些事情？（见表1–2）是因为害怕失去某些东西，还是因为害怕不被认可？还是……我建议你思考下，听听内心的声音，如果在意是因为害怕，弄清楚害怕什么后有利于你面对害怕，同时，也有利于你走出困境。

表1–2　你在意的原因是
1.
2.
3.
4.

什么影响了你?

　　是真的不行吗？一个学期不断遭受打击的同学有很多，我想这不是不行的原因，而是陷入了恶性的循环。从小学升到初中或由初中升到高中有了落差，自己不能接受那样的结果，然后开始在意别人的看法，而越是在意，越想扭转这种局面，结果就越发看不到自己学习中出问题的原因。这样一来不仅没有解决问题，反而出现了很多新问题，于是情况不断恶化下去。如果静下心来好好思考原因，我想结果不至于这么"糟"，最不济的情况，即使真的第一年没能学好，那就好好总结下，在接下来的两年改进也来得及。

　　世界上存在两种现实——我们认为的样子和它们实际上的样子。由于我们的经验、观念和思维方式不同，看到的结果也不同，这在心理学中叫"认知扭曲"，是我们的大脑给本为中性的事实加上了不恰当的理解，用公式表述为：

　　中性的事实 + 情绪化的诠释 = 扭曲的事实

　　心理学中有两种典型的现象：一种叫作"泛化"，是说当一件事情发生后，就认为它会反复发生，比如失败几次后就觉得自己还将失败，这在心理学中还有一个解释叫作"自我实现的预言"，当你给自己一种"行"或"不行"的评价时，结果就应运而生。另一种叫作"自我末日宣判"，是指夸大事实，尤其是将一个小小的失败无限夸大，似乎它就是世界末日，其实那些只不过是学习和生活中正常的起伏。所以，千万不要自我否定。

有句话很有意思："如果有一个人告诉你你是一匹马，那是他疯了。如果有三个人告诉你你是一匹马，那他们一定是在酝酿一场阴谋。如果有十个人告诉你你是一匹马，那你就该买个鞍座了。"有些问题的答案，或许不是你想象的那样，只是你被外界催眠了。

我发现绝大多数同学都很在意别人的看法，更要命的是他们会因为别人的看法，而改变自己。我们来看这样一个实验：

实验者将4只猴子放在一个房间内，房子的中间有一根很高的柱子，柱子顶端悬挂着一串非常诱"猴"的香蕉，饥饿的猴子看到香蕉，"噌噌噌"就爬上柱子，当伸出爪子要拿香蕉时，实验者拿喷枪用冰冷的水喷猴子，猴子被浇后，惊恐地跳下柱子，恐惧地放弃了香蕉，其他猴子够香蕉时，也受到了同样的"待遇"。最后，4只猴子在下边"吱吱吱"地交流着，但没有一只猴子敢去够香蕉。这时，实验者把一只猴子牵出去，放进一只新猴子，新猴子看见香蕉后，猴急得就要爬上柱子，就在它要爬上去时，其他的3只猴子，一下子把它拽住，"吱吱"地交流之后，这只猴子在下边流着"哈喇子"眼巴巴地看着香蕉，不敢上去够香蕉了。实验者依次把剩下的3只猴子替换了，最后房间里的4只猴子都没被喷过水，但是，没有一只猴子敢上去够香蕉吃。

有时候，我们就像那些新放进来的猴子，由于受到他人的影响，开始怀疑自己，甚至放弃自己。

其实，我们最需要的是时间和耐心——用时间来解决问题，用耐心等待成长。从来就没有一蹴而就的事情，当我们给自己尝试的机会后，变化也需要一个过程，耐心等待，结果就会不同。

你身上贴着什么"标签"？

大家都去过超市或商店，待售的商品上都贴着标签，标签上标着它们的价格。你有没有想过自己身上同样也有标签呢？

你会说，我又不是商品，怎么会有标签？其实不然，你身上确实有很多标签。譬如，当你的朋友评价你是热情、开朗、富有同情心的家伙时，你知道了自己原来还有这些优点，而这些评价就成了你身上的"标签"；当你的同学说你是自私、懒惰、没有集体感的家伙时，你可能会反驳，但是，它们也成了你身上的"标签"；当你的老师说你学习就这样了，不可能再有进步时，不管你是否认同，这在你心中起了作用，它也成了你身上的"标签"。最可怕的是，你还会给自己贴上消极的"标签"，譬如"我考试又失败了，我不行""我很容易紧张""我太粗心""我不会""我不是学习的料""我真的不行"等，一旦贴上消极的"标签"，你的人生也将开始消极。

每个人身上都贴着不同的"标签"，而且我们往往会主动寻找别人对自己的评价，这些评价又成了不断更新变化的新"标签"。当你不断遇到挫折和打击时，为了逃避痛苦，你很可能从贴在自己身上的"标签"中，选择一些能够解释自己不断失败这一事实的"标签"，以作为搪塞自己的理由。

很多同学知道《父子骑驴》的寓言，我也讲一个与驴子相关的故事：

有个村庄，住着一个农夫，他有一头驴。有一天，他牵着驴驮了一麻袋土豆去集市上卖。卖完后高高兴兴地牵着驴往家赶，嘴里哼着小曲儿优哉游哉。

有个路人看见了，说："这个人可真笨，有驴也不骑！"

他听见了，想："对啊，我怎么没想到啊！"于是，他跳上驴骑着继续赶路，还真的很舒服。

这时，有个老人看见了，骂道："太不像话啦！驴帮你驮了那么多东西，还骑它，不让它休息休息！"

他赶紧跳下来，想："是啊，我太没良心了。"转念又想，我骑不对，不骑也不对。我怎么办呀？！于是，他只好抱着驴往前走。

有人又开骂了："这个人是不是脑子有问题啊，怎么抱着驴走路啊！"

他听了气得哇哇叫："我把驴扔下山崖，就没人说我了吧！"说完，他把驴扔下了山崖。

旁人仍旧在说："这个人太傻啦，好端端的怎么把驴给扔了呢？！"

他听了，气向上冲，说："我死了总不会再有人说了吧！！！"说完，纵身跳下了山崖。

可是，所有路人都说："这个人太不可救药啦，连自己的命都不要啦！！！"

你得明白，无论你身上有多少"标签"，无论别人怎样评价你，做决定的始终都是你自己，能动摇你内心的，不是别人，恰恰是你自己！能做到这一点并不容易，不介意别人看法的人不多。我不是叫你不去理会别人的看法，而是让你在听取外界的不同声音时，更要尊重自己。

别让“标签”害了你

成长的过程也是构建世界概念的过程，我觉得这个概念更像一种看法——我们对自己的看法、我们对别人的看法和我们对现象和事物的看法。在认知过程中，我们会以自身性格禀赋为背景，开始观察、聆听和尝试。出生后，我们就一直被检视、被讨论、被描述，尤其是针对我们的性情和才华。我们通过感知父母和其他人对我们的兴趣，来判定自己的重要性——也许很多判定并不正确，但不能否定这种方式。虽然我们在上大学之前尚未能够描绘出世界的全貌以及自己的价值，但这些早期的描述和经验将是我们自我意识的重要指标。

肯尼斯·克里斯汀在《这辈子只能这样吗？》中提到了一个现象：“关于‘描述’本身，存在着一个重要的事实：无论如何它们都不会是中立的。所有的描述总是带有评价的意味。”我很认同，正如他在书中讲的那样，我们对于“标签”的回应往往不是字面上的意思，而是这些描述所暗示的部分，这些含蓄的暗示往往会间接变成催眠性的建议影响我们。我们对“标签”的害怕往往不是当下的“事实”，而是害怕它的未来影响，别人给我们的“标签”不只代表着他们对我们的看法，更代表他们对我们的预期。

如果有人给你这样的评价“随和”“很棒”“懒惰”，那意味着你将来很可能会更随和、更棒、更懒惰。克里斯汀谈到了这样一个例子，假如有人给了你“懒惰”的标签，那么“懒惰”这个词将会引导你：

1. 认为将来自己做事很懒惰；

2. 认为自己是个懒惰的人；

3. 终于不出所料地变懒惰，并导致未来更严重的懒惰。

"被形容成懒惰，等于是将这个概念注入你的认知世界，你将会对这个描述很敏感，不知不觉变成你处理事情的态度。"不管你是否愿意变得更懒惰，你还是很容易受这类信息影响。"你很懒惰"只是解释你懒惰的行为，但这些"标签"却不断以循环的、自我增强的方式影响你，长此以往你就会将"懒惰"视为你的"特质"，如同"中国人就是黄皮肤"那么自然那么理所当然，更重要的是你不想改变了。

事实上，在我们每天众多的想法中，很大一部分是关于自我描述的，比如"我字写得不错""我实在太聪明了""我讨厌整理东西""我不喜欢数学""我喜欢玩游戏""我是个失败的人""我很害羞"等，很可悲的是，我们还做着符合这些描述的行为（好像不这么做，自己的存在就不够确定似的），并且不断强化这个想法。

踏入校门前，我们对世界和自己的认识是肤浅的、零散的、不稳定的，我们所学到的东西，除了来自电视、电脑、书本，就是从我们和家人的相处经验中得来。小学和中学横跨了我们整个童年、少年时期，在这个漫长的成长关键期，我们对世界的印象难免会有所改变。事实上，学校本身就是产生很多决定性改变的地方，很多偏差也在此形成。

我不擅长讲那么多大道理，其实更希望的是你能和我一起思考，事情不像我们想象的那样，对于那些有危害性的"标签"要善于提出异议，不要被那些"标签"所伤害。所以，当你心中冒出一个怀疑的声音时，不妨停下来多思考一会儿，真的是这样的吗？是否有反例呢？是否能有一些好的转机呢？自己能否做点事情改善这种状况呢？自己需要做点什么呢？其实，多思考一点可以将你的忧虑转移，让你更容易找到解决问题的方法。

外界的标签并不能阻止你变得强大

我们动摇的原因往往不是事情的结果，而是我们的想法，也许你会归结于各种"标签"，但最重要的还是因为你没能真正地认识自己。认识自己是人类最难的谜题，但也绝非想象的那样恐怖，从出生到死亡我们一直在认识自己，认识的过程就是学习进步的过程，认识自己没有终止时间，它伴随着你成长的一生。我们需承认认识自己是件困难的事，没有人能够完全认识自己，但幸运的是我们能不断地接近真实的自己，而接近的方法便是思考和反思。

外界的错误"标签"容易让你迷失，而正确的"标签"却可以让你更加了解自己，更坚定你的信念。在学校，学习是第一要务，大家交流的机会不多，更何况很多同学也不乐意听别人唠叨。

如何看待自己是认识自己的第一步。你可以从身体、心理和能力三个方面思考和评价自己。你的身体素质如何？是否健康、体形匀称、身手敏捷、动作协调性好、高矮胖瘦……你的心理状态如何？是积极、乐观、坚强、能承受压力，还是消极、悲观、遇事退缩、不敢面对挑战？你具备哪些能力？是否能控制自己的情绪，有良好的学习能力，有组织能力，独立性强……这些看似简单、看似平常的事情，你几乎没有认真地想过。现在希望你能认真思考并完成下面表格。

工具一：帮助认识自己的"自我评价表"	
你觉得自己在身体上有哪些优势：	
你觉得自己在身体上有哪些不足：	
你对自己身体的看法：	
你觉得自己的心理状态有哪些优势：	
你觉得自己的心理状态有哪些不足：	
你对自己心理状态的看法：	
你具备哪些能力：	
你觉得还应该具备哪些能力：	
你对自己能力的看法：	

　　对自我的评价，最重要的一点是要有自己的立场。现在很多同学都没有自己的原则，我希望大家可以好好思考下自己的原则是什么，一旦你找到了自己的原则或者为自己树立了原则，就要坚持到底。比如，我个人把"绝不闯红灯"作为一个坚持的原则，不管有没有人，红灯当前，坚决停下。一旦你树立了原则，就要让别人知道你做事情的原则，这样别人就不容易碰触你的底线。通常情况下，拥有立场、以原则为重心的人不容易被外界标签所影响。

　　有句话我要送给大家：走自己的路固然重要，但是也要听听别人的话。

　　在中学，多数同学最欠缺的恐怕是集体沟通。不太喜欢别人在自己耳旁唠叨，因为你不再是个小孩了，很多道理你也知道。在家，你不太愿意和父母沟通，因为父母的想法和你的总有出入；在学校，你又没有太多的时间跟同学交流，除了学习还是学习，甚至班会时间都被剥夺了。别人对你有什么评价，大多时候你是猜测的，或者，你知道别人对你的评价，但并不清楚原因。

给你一个好建议：收集你的同学、朋友、老师、父母对你的看法。对于这些看法不要仅仅是猜测，最好能彼此心平气和、不带任何攻击色彩地去交流；同时，弄清楚看法背后隐藏的原因也很重要。尝试着完成下面这个表（表1–3）。

表1–3　意见收集表

对象	对你的看法	为什么会有这样的看法
朋友		
同学		
父母		
老师		

别人的看法不一定准确，如果别人对你有误解，尝试着去消除，重新和别人愉快相处。但也不要刻意追求消除误解，因为不是每个人都值得你耗费如此多的精力，凡事只要问心无愧即可。尽量为自己创造一个好的环境，我想你也知道在充斥着误会的环境学习、生活，会很郁闷、很痛苦。

给你一个好建议：有些时候，我们不能阻止别人对自己做不公正的评价，但我们可以做一件更重要的事——我们可以决定不让自己受到那些不公正评价的干扰。

学会识别"标签"，拒绝没有意义的动摇。时刻牢记自己的目标和梦想，因为有了目标你就不会盲目，就会知道自己应该往哪里用力，至少不用像面对空气出拳那样，把所有的力气打出去，却找不到对象。

遇到问题时，你可以借助工具二的"问题选择表"帮你分析，找到解决问题的方法。填写表格，是思考的过程，认真客观地回答每个问题有助于你了解问题，并找到解决方法。我建议你好好掌握这种思考方式和方法，学会一种方法比单纯的答案更重要。

工具二：帮助解决问题的"问题选择表"		
我的问题：		
我的困惑：		
问题可能导致的后果		
后果一：	后果二：	后果三：
解决问题可能的选择		
选择一：	选择二：	选择三：
选择一带来的好处：	选择二带来的好处：	选择三带来的好处：
我的选择：		
选择的原因：		

第二章

其实你不用自卑——正确评价自己

【对话和博士】

自卑让我错过了重点大学

　　一次在给教师的讲座结束之后，有位老师告诉我这样一件事：他们学校有位女生，同学和老师们都认为她品学兼优，可是她总是觉得自己不如别人：长相不如别人，体育不如别人，文艺也不如别人。更要命的是，她认为自己唯一的优点就是学习成绩好，但她又觉得好成绩也是自己"死用功"得来的，随时都会有下降的可能。因此，她上课从不举手发言，集体活动也不出头露面，因为怕被别人笑话。

　　有时，看到其他女同学活泼可爱、充满朝气的样子，她非常羡慕，甚至嫉妒，因而更觉得自己低人一等。她把自己的内心世界封闭起来，常常闷闷不乐、独自发呆。因此，同学们都觉得她冷淡孤僻，渐渐便很少和她交往。

　　高三时，虽然她学习成绩依然很好，但她对自己越来越没有自信，甚至一度产生弃考的念头。后来，在老师、家长的劝说和帮助下，她才勉强填了一个很低的志愿，结果以很高的分数轻松过关。本来完全可以在重点大学深造的她，却只能读一个普通的大学，留下了终生的遗憾。老师和同学提到她时无不摇头惋惜。

你用什么方式看问题?

先做个实验,假如某天你穿得非常漂亮,走进学校后,很多同学看你,你心里会怎么想? 你会不会有这样的想法:我脸上没花吧,我有问题吗? 因为所有人都注意你,反而让你觉得自己好像哪儿出了问题。当父母、老师夸奖别人时,尤其是父母当着你的面夸奖别人家的孩子时,你自己心里是怎样想的呢? 会不会冒出这样一个声音:他在某些方面还不如我呢! 你有过这样的经历吗?

其实,每个人心里都有一个问题系统:我们总是很矛盾,既向往美好的事物,又总是寻找美好事物中的缺点;我们渴望完美,却又不断制造缺憾。比如,假如一个女生很漂亮,你会说她很漂亮但是气质不够好;假如出去逛街太拥挤,你会说人太多汽车太多。我们习惯用问题的眼光来看待世界,总是纠结于问题本身,觉得只要把问题解决了,世界就美好了,但事实并非如此。

当我们观察一个事物时,如果我们内心强烈觉得它应该是什么样子时,就会漏掉一些不支持我们观点的信息。就如同那个高三女孩,其实,在班上不知有多少同学羡慕她,羡慕她学习成绩好,把她当作学习榜样,可是,她并没有看到自己的优点,也没有去感受别人对她的羡慕,她只看到了自己不如别人的地方,并过分夸大了自己的这种感觉,而且又由此推及其他,认为自己各方面都不如别人。

你用什么样的方式观察,就会得到什么样的观察结果。当你觉得自己全身都是问题时，你只会关注自身的问题，而忽略了自己的优点。当然，我们也不喜欢另一种人——自恋的人，假如你总觉得自己比别人好，你就只会找你身上让你满意的地方，你会越看越喜欢，这是另一种极端，太自恋也不是好事。

每个同学都有自己的观察方式，建议大家要多注意自己拥有的，尽量往好的方面看，如此一来，你会发现很多事情并非如你原来看到的那般不幸。同你分享一个故事，看后你会明白很多。

有一位牧师的女儿，她天生就是一位脑性麻痹患者，全身不能正常活动，而且无法言语。然而，她却靠着无比顽强的毅力与信仰的支持，在美国拿到了艺术博士学位，并到处现身说法，帮助他人。有一次，她应邀到一个场合演"写"（不能讲话的她必须以笔代口）。会后提问时，一个学生当众小声地问："你从小就长成这个样子，请问你怎么看你自己？你都没有怨恨吗？"

这个无心但尖刻的问题，让在场人士无不捏了一把冷汗，担心会深深刺伤她的心。只见她回过头，用粉笔在黑板上吃力地写下了"我怎么看自己"这几个大字。

忽然，教室内鸦雀无声，没有人敢讲话。她笑着再回头看了看大家后，又转过身去继续写着：

一、我很可爱！

二、我的腿很长、很美！

三、爸爸妈妈这么爱我！

四、上帝这么爱我！

五、我会画画！我会写稿！

六、我有只可爱的猫！

七、还有……

她又回过头来静静地看着大家，再回过头去，在黑板上写下了她的结论："我只看我所拥有的，不看我没有的。"

众人安静了几秒后，全场响起了如雷的掌声。

那天，许多人因为她的乐观与坚强而得到激励。这个乐观的脑性麻痹患者是谁？她就是美国南加州大学艺术博士、在台湾开过多次画展的黄美廉女士。

总有一天，我会打败对手！
我坚信我有这个潜力！ 加油！

自卑的背后是什么？

　　看了前面高三女孩的故事，可能有人会说这个女孩太自卑，可是对于自卑你了解多少？一个人如果自卑，一定有很多原因，或许是家庭原因，或许是老师原因，或许是同学原因，总之可以找到很多原因。很多时候，为了驱走身上的自卑，我们会将这些作为理由，将自卑的原因从自身剥离——"这不是我的错，是外界影响了我！"你可能会觉得自卑是由于长期处在这种环境下才形成的。把自卑的原因归于外界，你可能会感到舒服些，但是，这些解释只是自欺欺人，环境固然重要，可是做出行动的人还是你自己。

　　前边我提到了很多"标签"，这些"标签"有的正确有的不正确，如果不加以区分，你极可能被标签误导。每个人身上都有一个"筛子"会筛选各种标签，这个"筛子"包含文化的因素，比如通常会认为"不自信是不相信自己的能力，因而失去许多发展自己的机会，最终成为生活的失败者""不自信的人不快乐、不可爱"。但最主要的还是"积极"和"消极"这两个因素。

　　苏联作家巴乌斯托夫斯基讲过这样一个故事，在某处的海岛上，渔夫们在一块巨大的圆花岗石上刻上了一行题词——纪念所有死在海上和将要死在海上的人们。这题词使巴乌斯托夫斯基感到忧伤。而另一位作家却认为这是一行非常雄壮的题词，他是这样理解那句题词的：纪念那些征服了海和即将征服海的人。

再给大家讲一个小故事：

从前，有一位国王，夜里睡觉做了个梦，梦见山倒了，水枯了，花也谢了！次日醒来，便叫王后给他解梦。王后一听，失色道："国王，大势不好啊，山倒了，是指江山要倒啊；水枯了，是指民众离心啦，君是舟，民是水，水枯了，舟也不能行了呀；花谢了，则是指好景不长了！"国王一听，惊出一身冷汗，从此患病，且愈来愈重。一天，一位大臣来参见国王，见国王病重，就拜问其缘由，国王在病榻上说出了他的心事，大臣一听，笑着说："国王啊！这可是好兆头啊，山倒了，是指从此天下太平了啊；水枯了，指真龙现身，国王，你是真龙天子啊；而那花谢了，则更好解释了啊，花谢见果子了呀！"国王顿觉全身轻松，很快痊愈。

很有意思，积极乐观的人在每次危难中都看到了机会，而消极悲观的人在每个机会中都看到了危难。积极乐观者所想的都是可能做到的事情，由于把注意力集中在可能做到的事情上，所以往往能够心想事成。消极悲观者的眼光总是专注在不可能做到的事情上，常常以失败告终。

我们常说自卑者是自我评价低的人，可是自信者就不自卑吗？在奥修的寓言中有这样一个故事：

据说有一天，绝顶聪明的纳斯鲁丁跑来找奥修，非常激动地说："快来帮帮我！"奥修问："发生了什么事，让你难过成这样？"纳斯鲁丁说："我感觉糟糕透了，最近我开始有强烈的不自信，这很糟糕，快告诉我，我要做些什么来消除它。"奥修说："你一直是个很自信的人，发生了什么让你如此不自信了呢？"纳斯鲁丁非常沮丧地说："我发现每个人都像我一样好！"

自信的人也会自卑，因为自信的人也会害怕失去。心理学认为，人的成就恰好是自卑心的作用，人寻求卓越正是对自卑的一种补偿行为。说得很有道理，因为有不足才去弥补，这恰恰是一种动力。就如同我们如何看待问题一样，问题是好还是坏，积极的人与消极的人会有截然不同的答案。当你倾向于积极的答案时，你会发现问题是进步的机会，解决了问题你就进步了。

没有人十全十美，每个人有缺点也有优点，重要的是自己肯接纳自己。人最大的痛苦是比较，因为总是喜欢拿自己的短处去比较别人的长处，结果越比越短，自己反而更难受；或者拿自己的长处去比别人的短处，结果目无他人，盲目自信，伤了别人也伤了自己。关于比较，我是这样看的：同别人相比是横向，看的是差距，说明自己还有很大的提升空间；同自己相比是纵向，看的是进步，说明自己取得了进步，让自己拥有再次前进的动力。

成长中的你，有进步也会有退步，当下的差距意味着进步的空间，现在的优秀意味着过去做得好，但明天还需要积极努力。所以接受当下，面向未来，无论如何，你都需要正确地评价自己。

神秘的 "ABC" 理论

A 是指诱发性事件；

B 是指个体在遇到诱发事件之后相应而生的信念，即他对这一事件的看法、解释和评价；

C 是指特定情景下，个体产生的情绪及行为结果。

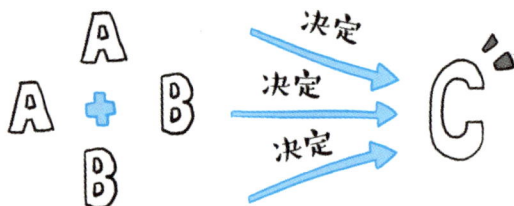

对于一个事件发生后产生的行为结果或情绪，通常有三种看法：

第一种看法：事件发生后，产生的结果或情绪，仅取决于这件事本身，而和人们的看法、解释、评价、态度、认知和信念等没有关系；

第二种看法：事件发生后，产生的行为结果或个人的情绪反应，仅取决于人们对这件事的看法、解释、评价、态度、认知和信念等，而和这件事本身没有关系；

第三种看法：事件发生后，产生的结果或情绪，不仅和这件事本身相关，而且和他人对这件事的看法、解释、评价、态度、认知和信念等相关。

你选择哪个答案？

美国临床心理学家阿尔伯特·艾利斯有一个著名的 ABC 情绪认知理

论，它的核心观点是：一个事件发生后所产生的情绪及行为结果，并不取决于事件本身，而是取决于人们对于这一事件的看法、解释、评价、态度、认知和信念。

我们来看一个在学校常遇到的现象。

距离大考只有 20 天了，这次考试很重要，大家掌握的知识差不多，但心态不同。一部分同学认为，只剩下 20 天了，可是还有很多知识点没有复习，还有很多题没做，来不及了，到了考场万一遇到自己不会的题目……20 天不够啊，怎么办？怎么办？惶恐不安。还有一部分同学则认为，还剩 20 天，时间确实不多了，我还有不少知识点没有复习，很多题目没做；不过还有 20 天呢，我每天复习 3 个知识点，20 天就有 60 个，每天做 10 道不同类型的题目，20 天就是 200 道，可以提高很多呢，看来还是完全可以的，加油！

20 天后大考，惶恐不安的同学果然没有考好，最后这类同学就有了结论：果然是因为时间不够，我没有复习好，当然就考不好了。而继续加油复习的同学，果然考试有进步，于是，他们也总结了经验：看来 20 天还真可以提升很多呢，多学点就多些进步，完全来得及，不错。

同学们请记住：事情本身是中性的，它并不影响人，人们只受到对事物看法的影响。事情是中性的，也许你这次考得不好，但不代表下次考不好，也许时间紧迫，但再紧迫还是有时间能让你提升的，关键在于你怎么选择，拥有怎样的心态。

心态"岔路口"：积极 or 消极

"有两个人从铁窗朝外望去，一个人看到的是满地的泥泞，另一个人却看到满天的繁星。"

积极是一种态度，所谓的积极心态，简单说就是能够朝着正面思考问题的一种心态，对于未来不可知的事情，抱着往好处想的一种心理状态。在面对学习、生活、问题、困难、挫折、挑战和责任时，从正面去想，从积极的一面去想，从可能成功的一面去想，积极采取行动，努力去做。

消极也是一种态度，所谓的消极心态，简单说就是容易向负面思考的一种心态，对于未来不可知的事情，抱着往坏处想的一种心理状态。因为自身因素或受同学、老师、父母、朋友等外在因素的影响，不满意自身条件或能力，进而造成自信心的缺失，这是一种在学习和生活中逐渐形成的、又会对学习和生活产生消极影响的心理状态。

积极心态和消极心态最具威力的地方在于让人形成了良性循环和恶性循环，如果你持有积极心态，你会进入良性循环；一旦你持有了消极心态，便会进入恶性循环。

积极的人在每一次忧患中都看到一个机会，而消极的人在每个机会中都看到某种忧患。

无论是在学校还是在家里，我们每天都在成长，都在面对一个又一个问题，而面对问题，不同的同学会有不同的选择，人生的分水岭也在这些选择中产生。

塑造积极的自己

　　每个人都有自己的长处，也远比自己想象中的要好，因为无法正确地看待自己、评价自己，才出现了各种问题。正确评价自己，我给你的建议是：以积极的方式看待自己，用积极的"筛子"去"筛选"外界对你的评价。真正的缺点，那是帮助你进步的机会；假如有人误解了你的优点，那没关系，你可以主动些，既然你是金子何愁不发光？！

　　积极地看待自己总比消极地看待自己有好处，有时候做下阿Q不一定是坏事！你可以利用以下工具表进行思考，相信会有一些启发，试试吧！

工具三：帮助认识自己的"自我评价表"		
对待消极评价的思考	你遇到问题时，会往好的方面思考还是坏的方面思考：	
	你什么时候容易产生消极想法或评价：	
	你觉得产生消极想法或评价的原因：	
	当你产生消极想法或评价时你通常会做什么：	
	当你产生消极想法或评价后，你摆脱这种情况的办法：	

工具三：帮助认识自己的"自我评价表"	
第一步：产生消极想法或评价后，写出这些消极想法或评价：	
第二步：请写出产生这些消极想法或评价的原因：	
第三步：如果按照这种消极想法或评价做，会产生的后果：	
第四步：请你思考这个消极评价是否是真实的评价。如果觉得是真实的评价，请主动地询问别人的意见，譬如父母、老师、同学或朋友，听听他们的看法（假如你实在不想找他们，可以向我咨询）。	
第五步：如果这个评价不是真实的，你觉得真实的评价是：	
第六步：如果评价是真实的，你是否可以做些事情改善这种情况，写出你能做的事情。如果自己找不到改善的办法，请听听别人的建议，把建议写出来。	
第七步：假如你采纳这些改善的建议，结果会怎样，会产生哪些有利的影响：	
第八步：当你产生消极想法或评价后，你摆脱这种情况的办法：	

给你的建议

第三章

成绩代表一切吗？——找到自己的价值

【对话和博士】

学习好就了不起吗？

　　和博士，我在重点中学读高一，和初中相比高中的改变并不大。初中时，我的成绩在班上并不怎么优秀，之所以能够考上这所高中，是因为班里一个男生的刺激。我们班上学习最好的是一个男生，可是我就是看不惯他，他觉得自己学习好，对我们爱理不理的，问个问题都不耐烦，而且，班级活动也不参加。最要命的是，自己课桌边上的卫生从来不管，他还振振有词：脏就脏了，反正不是我弄的，凭什么要我管。我最瞧不起这样的人了，凭什么，学习好就了不起了吗？于是，我发誓要超过他，中考我以优异的成绩考入了现在的高中，只比那个家伙少了几分。到了高中，我发现班里还是有这样的家伙，于是，我又告诉自己我要超过这群家伙，你们不是自以为成绩好吗，我要在成绩上打败你们！

　　和博士，成绩好可以代表一切吗？

如何看待成绩

你一定听过这句话——"分分分，学生的命根"，分数为何如此重要？升学需要分数，上大学更需要分数。目前，学校录取的重要标准之一，那就是分数。没有很高的分数，就很难升入好的高中，就很难考进好的大学。

不能否认这样一个事实：在中学大多数学生都指向一个目标——考上大学。不管你学习成绩如何，父母都希望你能考上大学；老师就更不用说了，帮你考上中学、考上大学是他们的工作。在你心中，你也得承认自己想考上大学吧？

在这种情况下，你觉得成绩代表着什么？心理学上有个很有意思的效应，叫作"从众效应"，指的是当个体受到群体的影响（引导或施加的压力），会怀疑并改变自己的观点、判断和行为，并朝着与群体一致的方向变化，也即我们常说的"随大流"：大家都这么认为，我也就这么认为；大家都这么做，我也就跟着这么做。

我们先来看这么一个实验。

某高校举办一次特殊的活动，请德国化学家展示他最近发明的某种挥发性液体。当主持人将满脸大胡子的"德国化学家"介绍给阶梯教室里的学生后，化学家用沙哑的嗓音向同学们说："我最近研究出了一种强烈挥发性的液体，现在我要进行实验，看要用多长时间能从讲台挥发到全教室，凡闻到一点味道的，马上举手，我要计算时间。"说着，他打开了密封的瓶塞，让透明的液体挥发……不一会儿，后排的同学，前排的同学，中间的同学都先后举起了手。不到两分钟，全体同学举起了手。

此时，"化学家"一把把大胡子扯下，拿掉墨镜，原来他是本校的德语老师。他笑着说："我这里装的是蒸馏水！"

这个实验，生动地说明了同学之间的"从众效应"：看到别人举手，也跟着举手，但他们并不是撒谎，而是受到了"化学家"的言语暗示和其他同学举手的行为暗示，感觉似乎真的闻到了一种气味，于是举起了手。

当你不知道成绩意味着什么时，别人的看法就成了你的看法。当周围大多数人以成绩作为判断一个学生的价值标准时，你也会不自觉地认同。刚出生时，你具备的只是本能的反应，知道饿了要吃东西，渴了要喝东西；随着你慢慢长大，就知道了很多东西。所以，成长的过程就是消除无知，让自己更加了解生存环境的过程。在学校，你会学习不同的科目，可是，学了不等于会了、掌握了，所以，需要有个考核，而考核的工具就是考试。如果你掌握得好，你的成绩会好些；如果掌握得不好，你的成绩会差些。但是，考核并不仅是考核知识的掌握那么简单，除了知识的灵活运用，考核结果还受心理因素、身体状态等影响。

学习有进步，不一定会考出好的成绩，而有好的成绩也不意味着有多大的进步。在我看来，成绩，就如同金钱，有句话说得好——"钱不是万能的，可是没有钱万万不能"，成绩不是一切，可是没有成绩却是万万不能的。假如你心中只有金钱，完全以金钱为导向，我想很多人会不喜欢你，甚至，你自己也会讨厌自己。同样，如果你完全以成绩为导向，同学也会不喜欢你。

成绩好只代表你在知识掌握上比别人好些，在考试中发挥得更好些。

然而，我们常常被误导，似乎学习好就意味着这个人是优秀的，这是一种错误的观点。

有些学生喜欢称某些学习好的同学为"高分低能儿"，言外之意是这家伙除了学习真的没什么可以拿出手，这种说法比较片面，但是反映出有一部分同学，为了考取更好的成绩，除了学习其他事情都不关注，也都不学习，殊不知这种情况下当你取得了暂时的成绩时，也为未来埋下了隐患。每年有很多同学考入大学，却不能适应大学生活，不能适应大学的人际交往。

成绩之外的世界

　　每逢周末、寒暑假，北京大学、清华大学都会有很多前来参观校园的同学。有一次我在北京大学给夏令营做完讲座，出来的路上看见一个中学生随手丢了垃圾，我追上去，温和地提醒他："嗨，你掉了一样东西。"那个孩子开始没有反应过来，居然对我感激地笑笑说："没有啊。"当我指着地上的东西给他瞧时，他的脸一下子变红了，捡起垃圾跑了。

　　其实，不仅是在学校游学如此，随着这些年各地旅游人次的增加，旅游景点也是苦不堪言，人走之后留下一片狼藉。这些跟人的学习成绩没有任何关系，这些习惯素养，是文明的基本要求，是我们早在幼儿园就在养成的，结果走出幼儿园的我们似乎又都忘了。你可以多观察，看看是不是有些小学生在家里是这样的情况——早上起床纸扔一地，被子也经常不叠；不仅如此，看看很多中学生是不是屋子里也是各种凌乱。在未来，无论是做科研还是做生意，整洁有序都是最基本的要求，特别是做化学实验，稍有不慎甚至会出现巨大风险。

　　物质条件越来越好，自动化工具越来越多，很多同学参与家庭劳动的机会越来越少。在生活中，很多同学没有买过菜，没有买过衣服，一切都由父母操办。生活是一个最大的力量源泉，如果我们不融入生活，远离了生活，我们奋斗的目标很容易变得虚无缥缈。

　　你总有不知道的事情，在学习上也是如此，我发现很多学习成绩非常好的同学，他会学习，可是自己不会讲，不能把自己的思路讲给别人听，这说明他的表达能力还不够好，同时，也说明他还不是特别明白这个问题。也许，你会说需要表达吗？是的！当你以后走上工作岗位，离不开和别人交流，你不可能一个人完成所有的事情，与人协作无疑需要很好的交流。

我们经常误解一件事——跟同学讨论问题，帮他解决问题，会浪费自己的时间。其实，你错了，这不是浪费时间，因为帮别人解决问题时，你可以发现别人在哪些方面出现困难，这些方面你也不一定知道；更为重要的是，能够把这道题目给别人解释清楚，也是在锻炼自己的思维能力和表达能力。

你的价值是什么？

你是否有这种心态：学习知识就是为了考试。绝大多数同学把学校里学习的知识当作应付考试的工具，这是一件很悲哀的事情。对于理科生来说，什么历史、政治那都是浮云；对于文科生来说，什么物理、化学那都是浮云。

说实话，我很想在全国号召一件事：把历史当作一门必修课，一个人怎么能忘记自己的历史！一个人要成才，更不能忘记自己的历史。当然，我也不太赞同目前学校对历史的考察方式，我们被每个历史事件的具体年份限制了，我们被死板的历史事件"标准答案式"的意义限制了。我更希望历史的考试能够开放些，例如，提出没有发生某个历史事件的假设，历史事件对于现代的意义是什么，"童言"也许说不出什么大道理，但最重要的是让他们获得对自己国家和民族的认同感。

在哲学课本中，我们学过"价值"的含义，即一事物所具有的能够满足主体需要的属性和功能。你还记得吗？不要告诉我它仅仅是你考试的内容！

你是否思考过自己的"价值"，我知道很多同学经常说这个好、那个好，这个有用、那个没用。但是，你有没有思考过自己是否有用、是否有"价值"？有位同学告诉我："我觉得我还是有价值的，如果没了我，我的爸爸妈妈会疯掉，他们会伤心死的，可见我对他们还是很有价值的。"我听了这个回答真是哭笑不得，自己的价值仅仅如此吗？

哲学课本告诉我们，人的价值就在于创造价值，在于对社会的责任和贡献，即通过自己的活动满足自己所属的社会、他人以及自己的需要。原来价值并不仅仅是要满足自己还要满足别人，从这点来说，你可以思考一下，自己在成长过程中曾经做过多少对别人有帮助、有意义的事情。

在学校，我们不应全是为了考试而学习。将来你总不能告诉别人，我会考试，我成绩好。在我看来，在学校里你应该学习两件事：遵守秩序（规则）和友好合作。我们常常抱怨交通多么混乱、纪律多么糟糕，说白了是自己的秩序（规则）观念不强；我们渴望与人相处，却又没法让自己更好地与人相处。

学校还经常出现这类现象：如果你喜欢一个老师，就能学好他教的课；如果不喜欢一个老师，这门功课的成绩往往一般。这类现象背后凸显的也是自我价值的误区，之所以这样，是因为你的自我价值不是发自内心的，而是来自老师对你的评价。当老师喜欢你、对你评价很高时，你的自我价值感就高，从而带动了学习成绩的上升；当老师不喜欢你，甚至批评你时，你的自我价值感就低了，从而导致学习成绩下滑。

这是一个很常见的现象，但你不应该因为老师的态度而影响成绩的高低。你的价值应该发自你的内心，有属于自己的坚持，不要总是通过别人的评价来认识自己，这样即使不喜欢这个老师，但一样会喜欢这个科目，一样能够学好这门课程。

成绩之外还有什么，这是你要好好思考的事情，至少让自己做个有用的人，至少要想想自己存在的价值。我想你一定听别人讲过无数次中学生应该具备什么样的品质和素质，我不啰嗦什么大道理，只希望你想想自己需要往什么方向努力。

你思考过自己行为背后的原则吗?

我想拿美国哈佛大学政治哲学教授迈克尔·桑德尔的一个经典案例引起大家的思考，思考你在每个行为背后是出于什么原则，你会遵守什么原则。在给大一新生的公开课上，他模拟了这样两个场景：

第一个场景：假设你现在是一辆有轨电车的司机，而你的电车正在铁轨上以每小时 60 公里的速度疾驶，在铁轨的末端，你发现有 5 个工人在铁轨上工作，你想尽力停下电车，但是你做不到，电车的刹车失灵了，你觉得十分绝望，因为你知道如果你就这样撞向这 5 个工人，他们必死无疑。正当你感到无助的时候，你突然发现就在右边，另一根铁轨的尽头只有一个工人在那里工作，你的方向盘没有失灵，只要你愿意，你可以让电车转向到那条分叉铁轨上。撞死一个工人但却因此救了另外 5 个人，你会如何选择?

大多数人都会轻松地做出选择：转向岔道，撞死一个人。如果无法避免死人的悲剧，只能在一条生命与五条生命之间进行抉择，那为了 5 个人能活下来，牺牲一个人是值得的。其背后的道德依据是：做法是否正确，行为是否符合道德，取决于我们选择这种行为的结果。牺牲一条生命，可以拯救更多的生命，结果是合算的，是道德的，那转向岔道的行为选择就是正确的。我们姑且将这种只关注结果的道德原则，称为"结果主义"，以成败论英雄的"功利主义"，就是在"结果主义"的土壤上开出的花朵。

之后，桑德尔博士又换了一个场景：

第二个场景：这次你不是电车司机了，你是个旁观者，你站在桥上，俯瞰桥下电车的铁轨，此时电车开过，铁轨尽头有 5 个工人，刹车失灵，电车马上就要撞向那 5 个人了。而这次，你不是司机，你真的感到毫无办法，直到你突然发现，你旁边有一个非常非常胖的人靠在桥上，你可以推他一下，他会摔下桥而且挡住电车的去路。虽然，他会被压死，但因此另外 5 个人将得救。推，还是不推，你会如何选择？

如果按照结果主义的道德原则，应该把胖子推到铁轨上，同样是牺牲一条生命，拯救五条生命，结果是道德的；选择推胖子的行为也应该无可厚非，是正确的。然而，面对后一个场景，我们大多数人会对胖子"下不了手"，在第一个场景中正确的做法，放在第二个场景就感觉不对劲了，问题出在哪儿？

在第二个场景中，我们不仅关注了行为结果，也关注了行为本身，关注了行为的过程。其背后的道德原则是：什么是应该做的正确行为，与行为结果无关，只与行为本身或行为过程有关。我们将这种关注行为过程的道德原则，称为"过程主义"，它宣称：如果行为本身就是不正确的，无论结果好坏，都是不道德的。我们不能为了拯救更多的生命而滥杀无辜，我们之所以对胖子"难以下手"，是因为胖子是"无辜"的。

两个场景，同样是在一条生命与五条生命之间选择，结果一样，过程不同，行为选择就有了变化。在对比中你可以发现，行为结果有道德原则，行为过程也有道德原则，行为结果的道德原则并不能凌驾于行为过程的道德原则之上。

我之所以给大家这个案例，是希望大家能够学会批判思考，是希望大家去看看这些有价值的公开课，丰富我们的人文思辨。特别推荐大家看看哈佛大学迈克尔·桑德尔（Michael J. Sandel）教授的公正公开课（《公正 Justice：一场思辨之旅》）、哈佛大学泰勒博士的幸福课以及领袖心理学。面对未来无穷无尽的网络信息流，我们如果有自己的原则，有自己的价值取向，能够批判性思考，就会减少迷茫，没有那么多的困扰。

内心的迷茫才是真正的累。

发掘你的优势

一个人优秀有什么标准吗？美国心理学家彼得森和塞利格曼将人类个人优势归结为 6 大类 24 小类（见表 1-4）。不要吃惊，我没打算让你全部具备，给出一个标准是为了让你向它看齐，有个努力的方向，做事也有个衡量标准。

表 1-4　人类个人优势	
1. 智慧	（1）创造性；（2）好奇心；（3）批判性思维；（4）好学；（5）洞察力
2. 勇气	（6）勇敢；（7）毅力；（8）诚实；（9）热情
3. 仁爱	（10）爱与被爱的能力；（11）善良；（12）社交智慧
4. 公正	（13）团队合作；（14）公平；（15）领导力
5. 节制	（16）宽恕；（17）谦虚；（18）谨慎；（19）自制
6. 卓越	（20）对美的欣赏；（21）感恩；（22）乐观；（23）幽默；（24）灵性

人类个人优势的解释

智慧（wisdom and knowledge）——获取知识、运用知识的认知优势。

（1）创造性：英文为 creativity。该优势是指诸如构思小说或者把事情的方法概念化抽象化等方面，包括艺术成就，但不局限于此。

（2）好奇心：英文为curiosity。该优势是指对经验的本身感兴趣；寻找有趣的主题，并进行探索和研究。

（3）批判性思维：英文为judgment and open-mindedness。该优势是指能从各个角度来思考事情；不会过早下结论；在有证据的情况下，改变自己的想法；并公平地衡量所有的证据。

（4）好学：英文为love of learning。该优势是指通过自学或者正式学习的方式，掌握新的技能，了解新的领域与知识。"好学"和前面的"好奇心"有很明显的关系，但是又超越了"好奇心"；与"好奇心"相比较，"好学"更倾向于对知识进行系统的探索。

（5）洞察力：英文为perspective。该优势是指能够给他人提供智慧性的建议；有自己看待世界的方式，这种方式，对自己和他人都有意义。

勇气（courage）——在实现目标的过程中，面对内部或外部的压力仍然坚持目标的情感优势。

（6）勇敢：英文为bravery。该优势包括行为上勇敢，但不仅仅是行为上的勇敢，包括敢于面对威胁、挑战、困难或疼痛；即使面对不同意见，仍然敢于为正义而言；即使不被认可，仍然坚定自己的信念。

（7）毅力：英文为perseverance。该优势是指善始善终；即使遇到障碍也要坚持自己的已有计划；因完成任务而感到愉快。

（8）诚实：英文为honesty。该优势是指说实话，向别人呈现一个真实的自己，用真诚来行事；不虚伪；为自己的感情和行为负责。

（9）热情：英文为zest。该优势是指充满激情和能量地去生活；做事情不半途而废或者三心二意；过有挑战性的生活；能够感觉到自身的活力。

仁爱（humanity）——乐于照顾和帮助他人的人际优势。

（10）爱与被爱的能力：英文为capacity to love and be loved。该

优势是指珍惜与别人的亲密关系，尤其是和那些懂得感恩的人；对人亲近。

（11）善良：英文为 kindness。该优势是指为别人做好事；乐于帮助他人；乐于照顾他人。

（12）社交智慧：英文为 social intelligence。该优势是指能够意识到别人与自己的动机与情绪；知道在不同情景下做出合适的事情；知道如何激发他人。

公正（Justice）——能拥有健康积极的团体生活的性格优势。

（13）团队合作：英文为 teamwork。该优势是指作为一个团队的成员，善于合作与分享；忠于组织。

（14）公平：英文为 fairness。该优势是指能够公平、公正地对待他人；不让个人的感情偏见左右自己对他人的看法；给每个人一个公平的机会。

（15）领导力：英文为 leadership。该优势是指能够鼓励团队成员把事情圆满完成，同时又能够在团队中拥有良好的人际关系；组织集体活动，而且使得活动进展顺利。

节制（temperance）——具有自我约束的优势。

（16）宽恕：英文为 forgiveness and mercy。该优势是指原谅做错事情的人；宽恕别人的缺点；能再给他人一次改正错误的机会；心里没有仇恨。

（17）谦虚：英文为 modesty and humility。该优势是指不吹嘘自己的成就；不认为自己比别人特殊。

（18）谨慎：英文为 prudence。该优势是指慎重地做出选择；不冒不能承受的风险；不说 、不做会后悔的事情。

（19）自制：英文为 self-regulation。该优势是指能够控制感情和行为；有原则；能控制自己的食欲和情绪。

卓越（transcendence）——能将个人生命的意义与更大的宇宙联系起来的优势。

（20）对美的欣赏：英文为 appreciation of beauty and excellence。该优势是指从自然、艺术、数学、科学以及日常生活等领域发现美、欣赏美、追求和展示美。

（21）感恩：英文为 gratitude。该优势是指能够意识到幸运并知道感恩；并且花时间去表达感谢。

（22）乐观：英文为 hope。该优势是指对未来充满最好的期待，并为实现而付出努力。

（23）幽默：英文为 humor。该优势是指喜欢笑；把微笑带给别人；能够看到生活中美好的一面；制造（而不是讲）笑话。

（24）灵性：英文为 religiousness and spirituality。该优势是指能够把更高的目标和宇宙的意义联系起来的信仰；相信生命的意义能够让人更加舒服。

成绩好坏并不代表全部，也不是证明你优秀与否的唯一标准。我很希望你能排除成绩至上的观念，在学校到底该学些什么，我们的价值到底是什么，这都是你要好好思考的。虽然在前边讲了不少，但我还是希望你能从自身出发，切实地思考一下。

你没什么可以自负的地方，总有不如别人的地方，你可以参考这个建议：你的眼睛只会看到你想看到的，请用一种学习的眼光去看待别人的世界吧。

首先，思考一下你对成绩的看法（见表 1-5）：

表1-5　你对成绩的看法	
你的成绩如何?	
你会把成绩看得很重吗?	
如果你学习很好,愿意帮助更多的同学吗?	
如果别人比你成绩好,你会有什么想法?	
假如你帮助过的人成绩比你好了,你会有什么想法?	
以往你对成绩的一些片面的、错误的看法:	

其次,利用"人生价值思考表"思考你对自我价值的看法。

工具四:人生价值思考表	
你觉得自己在哪几个方面最让你不满意?	
你会注意哪些生活中的细节(譬如丢垃圾、说脏话)?	
你对纪律和秩序的一些看法是:	
在学校除了成绩你觉得最应该学习的四件事情:	
你觉得自己的人生价值是什么?	

最后，通过"提升个人优势的'激励表'"确定几项你打算努力提升的个人优势。

工具五：提升个人优势的"激励表"	
你觉得自己的个人优势有哪几项？	
对照六类个人优势思考下你打算提升的四项优势	
提升的第一项个人优势：	
原因：	
提升的第二项个人优势：	
原因：	
提升的第三项个人优势：	
原因：	
提升的第四项个人优势：	
原因：	

Part

two

学习是成长中绕不过的坎儿

学习是我们成长过程中的头等大事，成绩几乎是我们每天为之奋斗的目标。在家长和老师的"殷殷教诲"中，我们"被充实"地度过着每一天。然而，各种各样的学习问题让我们焦急而又无措。学习是成长中绕不过的坎儿，学习可以快乐吗？究竟有没有学习的捷径可循？

第一章

读书无用？——学习观念

[对话和博士]

我真的不行吗？

我曾在全国各地做了数十万人的讲座，经常被问"读书有什么用？"这样的问题。

在西安渭南，不少同学在 QQ 中向我抱怨：现在学的东西有什么用啊，解析几何、立体几何这么难，生活中也用不到啊，买菜难道还需要解析几何啊，谁会称根号几斤的菜啊。很多东西，以后工作中根本用不上。

在温州，有些同学告诉我：我们不想读书，读书没什么用，我的和同学们的父亲是初中或者小学毕业，可现在一样是身价几千万的老板，现在大学毕业找不到满意的工作的人比比皆是，那你说读书考大学有什么用呢？

在河北，一个重点高中的学生告诉我：现在社会能力比知识、学历重要，看我们学校的那些"书呆子"一天学习十四五个小时，还不如多花一些时间来培养自己的能力。

和博士，你知道吗，2021 年抖音超级网红人气主播收入排行榜，排名前 20 的人气主播没有一个是本科学历，在这样的网络和流量时代，学历还重要吗？读书还有用吗？

上学还有用吗？

看了上述内容你有什么想法？你认同上述说法吗？你上学的目的是什么？你读书的目的是什么？上学无用还是读书无用？

10年前，在中学，尤其是地方普通中学，很多同学被这个问题困扰。在学校辛辛苦苦读书到底是为了什么，学校学的东西真的有用吗？那时候不少人没有读大学，提前进入社会打拼，其中有些肯吃苦也用心的人，确实赶上了经济发展的一波浪潮，比很多大学生强多了，但个例无法代表大多数，通过大学学习毕业后获得好发展的人数更多。可是，名牌大学的数量很少，竞争很激烈，2022年全国高考人数达到了1193万人，比2021年增加了115万人，而985高校全国平均录取率只有1.62%（2022年统计），最高5.81%而最低则是1.10%；211高校全国平均录取率约为5.01%，最高13.99%而最低只有2.74%。（985、211高校为过去说法，2017年改为"双一流"高校）。

高考录取的方式正在多元化，纯裸分录取比例越来越低，从考试上看，中考的难度在降低，我更愿意理解为，让大家在小学和初中培养学习习惯和学习能力，尽可能多元化；不刻意在这个阶段增加难度，在学习上减少额外培训。其实，很多家长的误区就是，认为孩子需要经过学科培训，不然学习就不好，强调了外力，却忽略了孩子们自身的学习能力。要知道你几乎可以从网络中找到所有免费或者低价格的学习视频，有这么多资源为什么学习却出现了这么多问题，这恐怕才是我们教育要思考的问题。

我指导过很多中高端家庭，他们在教育上的投入超乎想象。这些家庭的下一代在经济上已经衣食无忧了，好像不需要在教育上那么拼、那么投入，但你会发现越是这样的家庭，越注重教育。我们大部分人的误区是把上学和就业以及未来挂钩了，多数人认为我上了大学就应该可以有工作甚至是好工作，却忽略了自身能力能不能挣回来所有的教育投入，这跟你学到的知识以及对知识的应用能力有关，如果自己修炼不够能力不足，那更应该考虑为什么别人行而自己不行。

对话中，这位同学谈到的抖音网红收入高学历低的现象，本身就存在逻辑问题。大家不妨做个更细致的调查，看看走这条路的成功率有多高，就我个人调研的数据来看，除了极少数人外，绝大部分人发展并不理想，我们不能拿个例以偏概全。其实，从成功率看，上过大学获得更好回报的比例还是更高的。这个现象，从另一个角度看，恰恰说明我们需要学习，有了学习能力，我们才能研究如何利用今天的科技手段获得收益。那些获得成功的人士取得成功有各种因素，但有一点不能否认就是他们下的功夫远比普通人要大，这种干一行研究一行的精神和能力，才是最关键的。

上学还有用吗？这个问题本身就有问题，大学只是个起点，好大学给予的也就是前几年的起点，最后还是回归到能力上，如果自身不努力，不去学习，毕业可能就是失业，这也就是我常说的自己是一切的根源，再好的老师也无法替你学习。不要过于抱怨学了为啥没有用，从学习的过程中我们得到的是不是会更多？

你是否也在抱怨中小学学到的知识没用？这里我们思考一个问题：学校学的知识是否有用？停下来拿出笔写一写吧（见表2-1）。

表2-1　关于学校学的知识有用与否的思考	
你觉得读书有用吗？如果有用，理由是什么；如果没用，理由又是什么？	

<table>
<tr><td colspan="2" align="center">寻找宝藏的启示
（你需要按照提示的步骤回答问题，最后得出自己得到的启示）</td></tr>
<tr><td align="center">问题提示</td><td align="center">你的回答</td></tr>
<tr><td>第一步：假如你知道有个地方藏着无尽的宝藏，但是想要到达那个地方，必须要过一条河，这条河水流湍急，非常险要。你要不要过去？</td><td></td></tr>
<tr><td>第二步：假如你愿意过去，那么，通过它需要建造一艘大船，要花费你很多心血和精力，你愿意为它付出吗？</td><td></td></tr>
<tr><td>第三步：假如你愿意，那你通过这条河流后，这艘船可能再也用不上了，你是否会后悔，你是否认为它无用？</td><td></td></tr>
<tr><td>第四步：这个测试对你有什么启发？</td><td></td></tr>
</table>

你有没有发现，造船就像我们在学校学习知识的过程，那无尽的宝藏就是我们的未来。虽然我们过河后，可能再也用不到这艘费尽心血打造的船了，但并不能否认这艘船的价值和意义，现在用不上并不等于没有用。

出生时，你大脑中的信息量几乎为零，成长的过程是你学习的过程，从基本认知和基础知识学起，你头脑中的知识楼台渐渐地越盖越高；每高一些，当下学的知识便成了大楼的基石。当你站在高高的楼台远望时，你的视野开阔了，可是你能忘记脚下那些基石吗？如果把这些基石撤掉，你还能站在高处吗？或许，你都不相信世界上有空中楼阁，因为，那只是科幻片中的画面。无论做什么你都需要学习，这点你不会否认吧。

更重要的是，上学读书学到的不仅仅是书本上的知识，还有同学之间如何相处，小组成员如何配合，如何在小组、班级中脱颖而出，如何做一个合格的组长、班长……学校里可以学到的东西太多了，如果你学的仅仅是片面的知识，追求的仅仅是片面的分数，那并不能说明上学无用，只能说明很多用处你还没有发现。

从富豪学历的变化看到时代需要什么

以前很多同学喜欢拿那些亿万富豪说事情，觉得很多富豪根本没上过大学，好多都是初中毕业，甚至有的连小学都没念过，可是人家现在不也是功成名就吗？很多同学的父母没有上过学，但也挣了不少钱，这影响了不少孩子的观念。

同学们可以跟我一起分析下过去、现在和未来的富豪的学历，以及未来的可能性，或许你会了解更多。

1999 年的富豪们大都是"原生态"的小学或中学出身；4 年后的 2003 年，百富榜上大专和本科学历以上的富豪已占到 57%；到了 2008 年，富豪们的学历却一个赛过一个——MBA 如雨后春笋，博士层出不穷；2013 年以后移动互联网快速发展，特别是李克强总理提出了"大众创业，万众创新"之后，在移动互联网时代的创业，更是和知识相关，创业成功的佼佼者更多是高学历高能力者。

21 世纪是移动互联网高速发展的时代，更是对新能源和科技看重的时代，你可能听说过这些人：字节跳动（今日头条、抖音）的张一鸣、阿里巴巴的马云、腾讯的马化腾、美团大众点评的王兴、小米的雷军、京东的刘强东、拼多多的黄峥、百度的李彦宏、宁德时代的曾毓群、网易的丁磊、搜狐的张朝阳，这些人都是移动互联网科技时代的弄潮儿，其中马云、曾毓群、雷军、李彦宏、张朝阳出生在 20 世纪 60 年代，马化腾、刘强东、王兴、丁磊出生于 70 年代，张一鸣、黄峥出生于 80 年代。

这些人的学历你了解吗？张一鸣，南开大学软件工程本科；黄峥，浙江大学计算机专本科；李彦宏，北京大学信息管理系本科、美国布法罗纽约州立大学硕士；雷军，武汉大学本科；刘强东，人民大学本科；张朝阳，清华大学物理系本科、美国麻省理工学院博士。

再看看全球富豪榜，依隆·马斯克（Elon Musk），特斯拉、SpaceX 的 CEO，在 2022 年福布斯全球富豪榜中以 2190 亿美元排世界第 1 位；杰夫·贝佐斯（Jeff Bezos），亚马逊创始人，以 1710 亿美元排世界第 2 位；比尔·盖茨，微软创始人，以 1290 亿美元排世界第 4 位。马斯克毕业于常春藤盟校的宾夕法尼亚大学，斯坦福大学博士辍学；贝佐斯毕业于常春藤盟校的普林斯顿大学；比尔·盖茨，哈佛大学本科辍学；美国互联网科技巨头公司的 CEO 创始人几乎都是名校毕业的。

在今天这个创业创新的时代，移动互联网、新能源和科技创新领域诞生了更多高学历的新贵，而从传统行业快速发展来的新贵越来越少。未来是知识经济的时代，同时，更是"匠人"时代，无论做哪个行业、多小的事儿，都需要专业精神、钻研精神。

不要被那些没有学历却成为亿万富翁的假象所蒙蔽，没有学历并不代表他们不努力。你常常说父母不理解你，认为现在都什么社会了，与他们的年代不同了，可是你眼中又怎能只盯着以前的富豪，只盯着他们的表面呢？你可能根本不了解，那个年代的他们为了家庭生计迫于无奈不得不外出打工，如果可以选择上学读书，他们恐怕不会放弃这个机会。你更不知道的是，他们由于没有走进学堂，不得不花费别人数倍的精力来提升自己，让自己有足够的知识和能力来驾驭自己的企业。

没有知识，没有面向未来的视野，没有大局观，跳不出以前的思维模式，这样的人将来注定被远远地甩在后面，而这些都需要通过学习获得。而且大学里的许多学科都会对为人处世提供很好的理论指导，不经历大学洗礼的人,就要通过继续教育获得这些知识,或是通过向他人学习获得,那将是一条坎坷的道路。

当今社会,没有一个平台、没有大学的台阶做铺垫就想闯出一番事业,你知道有多困难吗?一个高中毕业生出去打工,你觉得有多少企业会录用你?假如现在让你辍学去创业,你能成功吗?恐怕你自己都知道,时代不同了,你成功的机会太少了!

我们常常被假象所迷惑,而忽略了背后的东西;我们只看到了他人表面的风光,却忽略了背后的努力,取得成就哪有你想象得那么简单!很多同学和我交流时,向我抱怨学习太累,是的,学习并不轻松,可问题是做什么轻松呢?与未来的工作相比,我个人觉得在学校里学习反而是最轻松的事情。社会有其复杂性,有时候不是说通过自己努力就能有结果,有很多结果不取决于自己,但学校的学习,由于目标明确,只要你坚持了,就容易有效果。

从更高的维度看,从富豪的学历变化可以看出一个趋势:无论是想创业还是就业,一定要选择读大学。中国已进入新时代,现在的创业环境早已今非昔比。只有经过学校的专门训练,掌握了现代科学理论,才具备进入科技行业创业的资本。选择没有知识和技术门槛的行业创业,很可能已经没有你的位置了。

人民群众对美好生活的向往,一直是不变的创富主题,从早期的冰箱、洗衣机,到后来的房子,再到淘宝、京东、微信,再到今天的抖音、电动车。而且,在未来数十年,中国对能源自主和科技自主的向往,可能是主导新财富变化的上升力量,我衷心希望你未来成为为祖国发展做贡献的弄潮儿!

读书无用是谁的借口?

很多同学抱怨，看某某家里有钱又有关系，看某某学习真是棒，而自己呢，要家世没家世，要学习还没学习，长得好也行啊，可惜长得也一般，上天对我还真不公平啊! 可是，为什么不去看看那些和你一样甚至还没你的条件好，但依然不懈努力的同学呢?

什么样的人会觉得上学读书无用呢?

第一种: 学习一般，甚至很差的同学。当最初的梦想被一次次的考试、一次次的碰壁打击后，他们开始怀疑自己，经过反反复复的"调整——努力——失望——调整"过程后，他们彻底放弃了，并开始否定自己，开始破罐子破摔，上课不听讲，睡大觉，作业也懒得做，成绩更是直线下滑。不仅自己不努力学习，当他们看到一部分学习很努力但成绩不怎么好的同学时，甚至还会讽刺他们，讥笑他们——这么努力却没有成绩，累不累、傻不傻、值不值啊?

第二种: 学习并不差，相反有些还是非常优秀的同学。为何呢? 有位同学曾告诉我这样一件事: 他现在读高三，成绩排年级前几名，他有位初中同学，初中一毕业就去打工了。优秀的他即将考入大学，并且很有可能考上最有名的几所大学。可就在这时，他的初中同学已经挣到了人生的第一笔100万，当时，他觉得老天爷在开玩笑，怎么可能?!

无独有偶，从北大毕业后，我的同学走进了很多行业，他们的收入还算可以。可是，有几名同学很郁闷，甚至痛苦，他们经常向我抱怨：你看大街上一些没上过大学做买卖的，现在每个月挣的钱比我们还多，在北京几年了，我们还在为一套房子努力，可是那些人不仅有房有车，还不止一套房一辆车，太打击人了！这些思想源自内心的那份虚荣感，觉得成绩好平台高，别人就不能超过自己；他们只会盯着别人的成绩看，从来不考虑别人背后的努力和辛酸，自己走自己的路未必不如他们，只是目前不能接受"不如自己的人"在金钱上超越自己，这真是可悲。羡慕甚至嫉妒并不可怕，只要能转化为奋斗成才的动力，都是好事儿，就怕这些成了你进步的阻力，成了你未来的魔障。

第三种：没考上大学甚至高中都没读，直接就去打工或做小生意的人。他们现在小有成绩——有些钱，有个公司，手下有一群为他们工作的大学生。他们天天在喊这些大学生怎么这么笨呢，上学都学什么了，还不如一个没上过学的人。说实话，这可能恰恰表明了这类人内心的自卑，通过讽刺贬低"大学生"，让自己的内心感到平衡，以得到所谓的"自信心"。人常陷入这样的怪圈——越缺什么越秀什么，正因为他们没有上过大学，这似乎成了他们心中的痛。

第四种：毕业即"失业"的大学生。这类人认为大学毕业生数量暴增，而工作机会太少。其实不是工作难找，而是自己能力不够，抑或想找更好的工作，无视普通工作。大学生数量是增多了，可是为什么自己没找到合适的工作，而别人却找到了？问题不在别人而在自己。网络上流传着这样一句话："爱一个人，让他去上大学吧，那里是天堂。恨一个人，让他去上大学吧，那里是地狱。"大学是天堂，也是地狱，上天堂与下地狱都是你自己的选择，自己行为的结果。我和很多企业负责人交流过，公司不是缺人，是很缺人才，这是很可悲的事情，大学生毕业找不到满意的工作，而企业又为找不到合适的人而犯愁。21世纪什么最贵，不是人才，是庸才！庸才带来的损失太可怕了！

"可怜之人必有可恨之处。"那些认为读书无用的同学，其实是在遮掩自己的痛处，是为自己找借口！心理学有一个说法叫"合理化"，是说你无意识地用一种似乎有理的解释，为你的情感、行为或动机辩护，以使其变得可以接受。"合理化"有两种表现：一是"酸葡萄心理"，即把得不到的东西说成是不好的；二是"甜柠檬心理"，即当得不到葡萄而只有柠檬时，就说柠檬是甜的。两者均是在掩盖其错误或失败，以保持内心的安宁。当自己努力学习了，却没有得到好成绩时，就否认学习的意义，认为学习没有用，这恰恰是自欺欺人的说法。

观念错了，越努力越痛苦

你的观念决定你的行为，如果你的观念错了、方向错了，那么越努力就会造成越多的痛苦，成才也将变得异常艰难。让我们看看各种错误的学习观念吧。

错误观念一：成功就是考上名牌大学，将来有财富、有地位。虽然我不愿意承认，但这是一个事实：考上名牌大学，未来有钱有地位，这大概是很多同学和家长的心声。可问题是，并不是每个同学都能考上名牌大学，这是现实。你还得承认这样一个事实，上不了大学尤其是名牌大学，并不意味着不能获得财富和地位。我想说的是，不要把自己成功的模式单一化、片面化，未来的成功并非考上大学这一条路。我的老师曾经告诉我："一个人真正的成功是不断超越自己——今天比昨天进步，明天比今天进步，做最好的自己，去影响更多的人。你可以在做事上成功，但更要在做人上成功。也许，事业上的成就会让人羡慕你，但是人格上的伟大会使人亲近你、铭记你！"

追求财富、地位没有错，但千万不要被这些所束缚，认为成功就是拥有这两样东西，那你将活得很辛苦，即使实现了你也算不上真正的成才。

错误观念二：读书的目的就是考大学。如果你存在这样的想法，那就会导致这样的结果：如果我考不上大学，那读书对我还有用吗？所以，干脆就不读了，这样还可以节省费用。其实，你还没有看清读书的目的，我想你得承认，你对未来有过憧憬，上学读书，是在为实现这个目标做准备。而且，考上大学，也仅仅意味着你走好了第一步，为未来做了更好的准备，这不是句号，仅仅是个逗号。

错误观念三：读书人是文化人，大学应该是"精英教育"。中华民族千年来都弥漫着"万般皆下品，唯有读书高"的观念，考上大学那就是有文化的人了，身份自然就高人一等。可事实并非如此，大学扩招，越来越多的人成为大学生，这种优越感一下子消失了。读完大学一切好像又回到起点，户口回到原籍，工作要自己找，收入还不见得很多。虽然，行业工作没有高低贵贱之分，大学生在身份上并不比他人高，但是社会观念却让人产生了各种想法。

要想做到先要知道，在学校不仅仅要学习知识的，还要学习社会秩序和人文素养，当我们知道了才能慢慢做到。

错误观念四：上了大学尤其是名牌大学就等于有了出路。我们的教育，从高中到大学是不同的形式，高中是老师管理、家长监督，整个人都受到严格督促，受的教导都是要考高分，全班第一就是优秀；但到了大学完全变了，老师不会天天盯着你学习，学习是一种自觉行为，你只要把每门必修、选修课过了，拿够了学分，基本上就可以毕业。很多大学生大学几乎是玩过来的，还谈什么出路？大学并不是终点，不要以为到了大学就解决了所有问题，就像食物放在你面前，你不吃，一样填不饱肚子。

错误观念五：学习成绩不好、上不了大学就是失败，就是没有出息。不是所有的同学都可以考上大学，可是考不上大学就没有出息吗？有很多人没有读过正规大学，但是，他们后来一样自学成才。移动互联网时代，通过互联网在线学习和职业学习将会越来越普及。大学的目的不是培养职业性人才，在中专、大专教育质量还欠缺时，社会上面向就业的职业技能培训很有价值。读书的目的不是上大学，这些都是过程。未来面向社会，我们总需要有一技之长，提升自己的生存能力，很重要的一点是，我们得思考自己的"被需要价值"。时代发生了巨大变化，未来是什么样，我们无法确定，唯有拥抱和融入这个时代，去用心琢磨、研究它才能适应它。谁也不知道什么时候短视频就成了生活的一部分，人们需要的不仅仅是连接那么简单。丰富多元的生活，各种未曾去过和体验过的，都可以通过视频分享出来。在未来元宇宙时代，我们很难想象虚拟世界对现实世界会产生什么样的影响。从创造财富的角度看，很多人抓住了时代机会研究和学习短视频，获得了一定财富，这些人中有很多人的学历止步于中专、大专，甚至不少是小学和初中，但他们在实践中付出了更多的努力和学习。

在移动互联网时代，学习模式发生了巨大变化，自学能力变得极为关键，所以，即使你考不上大学，也完全可以接受职业技能培训，一技在手，生存不是问题。只要多学习多研究，多了解这个时代，就能够获得回报。

在我看来，考不上大学不是失败，只是在学校的学习任务没有完成得很好，只是在这一阶段暂时没有成功罢了，只要你肯下功夫，利用各种社会资源学习，依然有很多可能性。你一定要记住一句话：你可以不成功，但是不能不成长，任何成绩的出现，都离不开你的坚持！

面向未来和成长的学习观念

观念一：成长的因果观念。有果必有因，种因必得果。今天一说起"富二代"多数是贬义词，很多同学不能客观地看待社会。很多人仇恨这些人，却又希望成为其中一员。其实并非财富不好，而是自己不是其中一员，产生了典型的酸葡萄心理。

今天的富二代享受的优越生活也都是其父辈辛苦努力换来的。也许，我们的父辈没为我们创造更好的机会，但我们可以努力成为"富一代"，为我们的后代创造更好的环境。

我们今天学习和成长的结果，也都不是现在形成的，都是之前种的因得到的现在的果，要想明天有期望的果，就必须从现在开始种"因"——有助于结出明天"果"的"因"。

观念二："互联网＋"下的自学观念。积极主动地学习，让自己适应社会发展，并提升自己的竞争力。很多同学听说过"互联网＋"，"互联网＋"最核心的两点是数据和连接。社会需要的学习能力是积极主动的自学能力，可以通过互联网找到需要的信息。大家在学校适应了老师管理和教的模式，如果缺乏积极主动的自学能力，到了大学就很难适应一切以自己为主的管理和自学。社会上没有谁管你和教你，一切都需要自己主动起来。

当你要了解一件事时，会主动用百度或谷歌搜索相关信息，去靠谱的网站看专业人士的介绍，去书店、当当网、京东寻找相关的书籍，主动研究。

当我们在学习中遇到不会的题目或知识点，主动问同学、老师，主动用网络搜索相关解释，看相关的视频讲解（视频学习是未来非常重要的学习手段），找相关的书籍研究，甚至在网络上找人帮助。只要你想学，在今天移动互联网时代，你就可以找到方法解决自己的问题。

移动互联网信息和智能时代，学习模式发生了巨大变化，一切的学习都建立在以自己为主的基础上。学会自己长大，从培养"互联网+"下的自学能力开始。

观念三："互联网+"下的分享观念。输出观念，分享自己的学习方法和经验，为不会的同学讲题，帮助别人学习——教是最好的学习。很多同学，吝啬自己的时间，一是害怕教别人时浪费时间，自己没有时间学；二是害怕教会了别人，被别人超越。其实，很多人只是自己会做，却讲不明白；真的理解一道题，掌握一个知识点，是能够给别人讲清楚——题目考查什么，如何入手，如何分析，易出错的在什么地方，然后比较规范的解题步骤是什么。再深一点，就不是讲一个知识点和题目，而是让别人知道他为什么不会，卡在了哪里，怎样解决这个问题。当你帮别人解决问题时，也是深度理解知识点的过程。

怎样才能更好地学？有分享有输出，才会倒逼你更好地学，如果让你去课堂上讲解这个知识点，你是否会认真准备呢？通过分享，一是对自己的倒逼，二是能够获得更多人关注，关注会产生流量；关注的人越多，不仅仅是你越有成就感，更重要的是你还可以因此而获得收益。

从这个角度看，会读书是一方面，另一方面是要不断地分享，让别人知道你，知道你能够帮助别人学习，这就是价值！

观念四："互联网+"下的连接观念。连接优秀的人，连接能让自己进步的人或活动。这是一个移动互联的时代，一个社交和自媒体发达的时代，如果你想认识一个优秀的人，可以通过微博、抖音、微信公众号、小红书、B站、喜马拉雅、邮箱等联系到他，然后用你的认真、用心和诚意请教别人，你可以加入优秀者的社群，可以参与他们优秀的线上或线下活动。

在今天，当你想认识和连接一个人时，你总可以找到办法。一个人要想进步，就要向榜样看齐，向优秀的人学习。也许，你所在的学校一般，但你可以通过互联网加入一个积极向上的好圈子或社群，近朱者赤近墨者黑，在这样一个环境下，你会开阔视野，获得巨大的学习动力！

学习是为了什么？

苹果公司的前 CEO 斯蒂夫·乔布斯说过："如果你正致力于一些激动人心且你十分在乎的事情，那不需要别人的驱使，你的梦想自然就会驱使你前进。"

上学是为了什么？学习是为了什么？你有没有问过自己"我为什么学习""我学习的动力是什么"这样的问题。学习是持久战，如果没有动力支持，很容易中途放弃。你坚持下去的动力是什么？这是你要明白的事情。我们知道，火车要有轨道，才能平安行驶；汽车要遵守交通规则，才能安全行进。甚至飞机在空中，轮船在海上，也要有一定的航道，才能彼此相安。学习也是如此，你要知道属于自己的学习轨道，如果没有这个轨道，各种社会现象、各种外界因素都会影响你阻碍你。

我一直想与大家分享的一个观点是：自己是一切的根源。我们可以找出很多学习的理由，比如，父母让你学习的，学习好有面子，学习好了父母有奖励，别人都上学我也得去吧，学习好才能读好大学，学习好才能有好的未来，学习好了才能到更高的平台才有助于我实现梦想……纵然有各种原因，可是你自己的原因呢？外界的原因，你掌控不了，可是你能掌控自己。他助不如自助，读书有没有用，别人说一千遍一万遍都没有用，关键还在你，谁都有自己的道理，关键在于你怎么看。遇到问题不可怕，可怕的是遇到了问题，你却选择抱怨，选择找借口，选择逃避。

你知道什么样的人学习好吗？明确知道自己想要什么、有明确的目标的人，他们确定了自己的目标和目的，不会偏离（即使偶尔偏离也会调整回来）。你要记住：你越清楚自己想要的东西，越清楚实现这一目标所必须做的事情，就越容易抵制诱惑克服拖延，也就越容易着手完成任务。

另外你还要明白，学习的目的，不一定要多么宏伟远大，你不一定要像周总理那样树立"为中华之崛起而读书"的宏伟梦想。你学习的目的可以很简单，可以是让爸爸妈妈过更幸福的生活，也可以是因为学习好会有面子。天花乱坠的大道理并不一定真能激发你学习，总之，不要总想着自己学习的理由要多么伟大，但至少应该找到一个能够让你坚持下去的理由！

但残酷的现实是，很多同学没有清晰的目标，甚至找不到坚持下去的理由，正如很多人对待工作一样，他们都渴望做自己喜欢的工作，可问题是不是人人都能做自己喜欢的工作，如果要想有所成就，那就喜欢上自己做的工作。对于大家来说，要想学习好就要喜欢上学习，这很难，需要时间和过程。要想改变，首先改变自己内心的想法，做一种"自欺欺人"的心理暗示，当自己"不喜欢"学习时，就告诉自己特别喜欢学习，同时，将这件事同自己最喜欢做的事情联系起来，一旦学习就会让你联想到自己最喜欢的事情，这在心理学中叫作"巴甫洛夫"条件反射，我想这也是一种不错的办法。我希望同学们不要忽视内心看法和信念的重要性。

很多人说培养了兴趣才会坚持下去，要想有兴趣，你必须在学习上获得进步，获得成就感，所以，从这个角度讲，你学进去了，学得有进步、有成就感了才能有兴趣；不要错误地认为，找方法培养兴趣，然后才能学好，而是刚好相反。

遇到困惑时，最重要的是要寻找困惑背后的原因，以及思考自己能否做些事情消除困惑。

工具六：困惑思考表	
1. 困惑何时出现的？	
2. 什么事情让你有此困惑？	
3. 此困惑和谁相关？	
4. 此困惑导致的真实感受是什么？	
5. 做些什么事情会让你感受好些？	
6. 你具备什么条件才可以清除此困惑？	
7. 自己为什么不具备这些条件？	

　　自己的问题自己解决，原因也多在自己身上，通过上边的表格，我帮你归纳出自我反思的步骤。

工具七：自我反思七步法	
问题提示	你的回答
第一步：when——自己何时出现这个问题？	
第二步：what——什么事件或情景让你意识到这个问题？	
第三步：who——这个问题和什么人相关？	
第四步：how feel——出现问题时你的感受是什么？	
第五步：how to do——怎么做才可以消除这种感受？	
第六步：what to do——假如可以避免这个问题，你需要具备什么条件，需要做什么？	
第七步：why——为什么自己不具备这些条件？	

通过头脑风暴寻找学习动力

　　有些同学喜欢把很多想法装在自己脑袋里，不太愿意和别人分享。不管你是否承认，至少在中学阶段，绝大多数同学对于分享做得不太好，从现在起，你不妨打开这扇门多和同学交流，他们会让你的思路更明确。这里我介绍一种比较灵活的方式——头脑风暴，便于你思考自己学习的动力。

　　头脑风暴指一群人（或小组）围绕一个特定的兴趣、话题或领域，进行讨论创新或改善，产生新点子，提出新办法。三个臭皮匠顶过一个诸葛亮，一群人在一起就一个问题不停地提出自己的看法，这些看法会让你看到不一样的"答案"。其实，头脑风暴可以由一个小组，也可以是一个人进行，一个人的"头脑风暴"就是针对一个话题或问题，从不同的角度提出自己的看法，尽可能多地找到一切可能的因素，以及解决问题的方法。在这个过程中，你不用考虑这些原因和方法合理不合理。进行头脑风暴时，你可以遵循以下原则。

　　原则一：头脑风暴上没有坏主意。多多鼓励奇怪的、夸张的观点。驯服一个这样的观点比想出一个立即生效的观点要容易得多，观点越"疯狂"越好。那些奇异的和不可行的观点，可以引出更多思考与创意。记住：头脑风暴会上没有坏主意，无论它是多么不可思议。

　　原则二：不对任何主意（点子）做积极或消极的评断。只有到头脑风暴结束时，才开始对观点进行评判。进行头脑风暴时，不要暗示某个想法不会有作用或它有什么消极的副作用。因为头脑风暴没有坏主意，它们都有可能成为好的有潜力的观点。将所有的观点都记录下来，然后再对它们进行评判。一是避免干扰和妨碍参与者畅所欲言；二是任何评估都是需要花费脑力和时间的，所以不应该在过程中抽出时间进行评论。

原则三：注重数量，而非质量。在头脑风暴时，应该寻求的是观点的数量。要在给定的时间内，提炼出尽可能多的观点。提出的观点数量越多，最后反思时，就更容易产生高水平的创意。

原则四：在提出的观点之上建立新观点。多人头脑风暴时，在别人的观点上进行拓展，利用他们的观点来激发自己的。自己一个人头脑风暴时，可以在已提出的想法之上再提出想法。

原则五：每个人和每个观点都有相等的价值。每个人都有对待事情和解决方法的独特视角，所以多人头脑风暴时每个人都应该参与进来。只有每一位成员都自由地、自信地贡献创意和观点，头脑风暴才会取得真正的成功。单个人头脑风暴时，所提出的每个观点都具有相等的价值，只有在最后判定时才去考虑哪个更重要，哪个更具有意义。

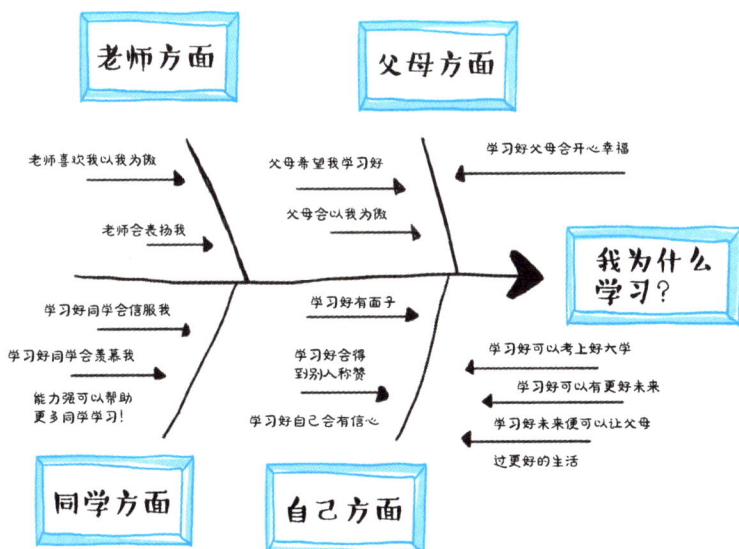

图2-1 关于"学习动力"的头脑风暴

建议你跟同学或父母做一个关于"学习动力"的头脑风暴，将所有对读书、学习有帮助的事情列出来，将所有能够让你产生动力的事情列出来（见图2-1）。

　　不要害怕自己的目的肤浅简单，甚至觉得自己的目的虚荣，最重要的是你要找到前进的动力，小的动力慢慢会变成大的动力，小的动机背后隐藏着的也许是你不曾发现的梦想，用头脑风暴寻找自己学习的动力吧！

大局已定，努力还有用吗？——学习态度

临考前的努力还有用吗？

这些年我做了很多场中考、高考心态调整的讲座，在讲座时遇到了很多这样的情况：

老师说："快要中（高）考了，班上同学出现了两极分化，学习好的自然不用说了，那些成绩不好的同学，尤其是中（高）考没有希望的同学，现在真是没法说。天天来到教室不是睡觉，就是看小说、上课说话，每天都在这里混日子。"

学生说："我的成绩很差，考试根本没有希望，努力还有什么用。一看到书我就难受，还不如看看小说，玩玩游戏，睡睡觉呢。"

那些过程比结果更有价值

你的班上有类似的同学吗——临近考试却放弃了，是因为没有任何希望了吗？谁都想上大学，尤其是名牌大学，可是并非每个人都能考上大学。

看这本书的并不都是学习优秀的孩子，也并不都是孩子很优秀的家长，更多的还是那些对未来充满希望的同学和家长。临近考试，很多同学心态发生了变化，有不少同学开始怀疑自己，觉得以自己的成绩不可能考上大学，尤其是理想的大学，既然如此，努力还有什么用，反正是考不上了呗。

假如你是这样的同学，你心里有什么想法，为何会选择放弃？写到这里，我想到了一个故事：

有位孤独者倚靠着一棵树晒太阳，他衣衫褴褛，神情萎靡，不时有气无力地打着呵欠。

一位智者从此经过，好奇地问道："年轻人，如此好的阳光，如此好的季节，你不去做你该做的事，懒懒散散地晒太阳，岂不辜负了大好时光？"

"唉！"孤独者叹了口气说，"在这个世界上，除了我自己的躯壳外，我一无所有。我又何必去费心费力地做什么事呢？每天晒晒我的躯壳，就是我做的所有事了。"

"你没有家？"

"没有。与其承担家庭的负累，不如干脆没有。"孤独者说。

"你没有你的所爱？"

"没有。与其爱过之后便是恨，不如干脆不去爱。"

"你没有朋友？"

"没有，与其得到还失去，不如干脆没有朋友。"

"你不想去挣钱？"

"不想，千金散尽还复去，何必劳心费神动躯体？"

"噢，"智者若有所思，"看来我得赶快帮你找根绳子。"

"找绳子？干吗？"孤独者好奇地问。

"帮你自缢！"

"自缢？你叫我死？"孤独者惊诧了。

"对。人有生有死，与其生了还会死去，不如干脆就不出生。你的存在，本身就是多余的，自缢而死，不是正合你的逻辑吗？"

孤独者无言以对。

既然考不上何必又要考？这和故事中孤独者的想法何其相似啊。说实话，我很同情甚至说可怜这样的同学，我也有过这样的感受，在我第二次高考没有如意后，我再次进入了补习班，头一个月我整个人都埋进了小说中，我不愿意面对现实，只想让自己沉浸在小说中，看到一个个主角那么强大，仿佛自己也能在书中看到自己的强大。可是梦有一天会醒，总有一天要回到现实，那时你又怎能不面对现实？

我不想说什么创造奇迹的话，创造奇迹的人并不太多，更多的是创造不了奇迹的人，但是这个社会并不是只给创造奇迹的人生活的，你看看芸芸众生有多少平凡的人，他们不也在好好地生活吗？

我只想说风景不一定在顶峰。我记得有一次在一个不知名的地方爬山，因为爬到山顶的那份感觉是很棒的，所以，我们只想着爬啊爬的，可是爬到山顶后，却发现山顶光秃秃的什么也没有，下山时，却发现原来途中的风景是如此之美。一直被忽略的途中却是美景连连，这正如奋斗的过程，也许取得结果让你欣喜，但是这种欣喜不能持续多久，反倒是在奋斗的过程中你能期盼得更多。

考不好、考不上，就放弃，是逃避。虽然奇迹很少，如果不尝试怎么也不会有奇迹，正如那句话：努力并不一定成功，但放弃肯定不会成功。

放弃的是什么？

　　放弃，并不意味着一定是件坏事，但是要清楚自己要放弃的到底是什么。假如说你知道自己再努力也很难考一个好的大学，即使能上一个大学也不会很如意，这时，你需要的是在这个十字路口好好想想了。不一定非要考上大学才有出路，你可以选择一个技校，好好学一门技术，或者，考虑家里的生活条件，是否出去打工。你思考未来道路的时候，来不得马虎，一旦你坚定了方向，那就要准备和努力了。如果你仅仅选择在学校混日子，混到毕业，再考虑车到山前必有路，逃避未来，那我只能说你太可悲了。

　　上不了大学并不意味着失去了学习的机会，你可以边工作边学习，甚至以后需要还可以读，这并非不可能。但是唯一要清楚的是，绝不能混过中学最后的一段日子，假如这段时间你选择"混"，那未来的很多事情，你都可能会选择"混"，一旦"混日子"成为一种习惯，你的未来将会不断悲惨下去。

　　假如你选择继续留在学校中，这些天你始终是需要努力下去的，也许，你是一个成绩比较差的学生，也许你的努力不会为你的大学之路增添多少砝码，但是你只

多一些理想。

要学习一天，你的分数就会增加一些，因为你的基础比别人薄弱，所以，你能提升的速度也远比别人快，提升的分数也远比别人多。我曾经有个学生，在高三一模时数学考了 30 分，但是，她没有放弃，在我的帮助下，这个女孩高考数学成绩居然达到了将近 110 分，这还是因为有道本该做对的题目没能做对。奇迹，并非没有，如果一开始就放弃，那永远也不会发生。同样，努力并不一定会成功，但放弃努力肯定不会成功。

假如你选择留在学校参加高考，那就应该放弃逃避的想法。

假如你已考虑好不走大学这条路，而是选择学一门技术，那你就要坚定信心，将来的路也会充满坎坷。

放弃不一定是坏事，但是，放弃自己、放弃未来，绝对是件坏事！假如你是所谓的"差生"，想放弃，我给你这样一些建议：你可以在学校继续努力，给自己设定一个适合自己的小目标，经过自己的努力，在毕业考前看自己是否能够达到，如果能，这就给你积累了信心——现在学习不好的结果是因为以前你浪费了时间，假如进入新环境重新开始你是可以进步的。另外，我建议你为自己的同学创造一个更好的环境，相处了 3 年，最后冲刺阶段，你需要珍惜你们的缘分，不管以前如何，现在可以做得更好。

人际关系在未来会非常重要，谁能保证你身边的同学不会出个大企业家、社会名人或其他领域优秀人士？一起创造一个和谐共进的冲刺环境，增进同学之间的感情，这就是对未来的一种投资，而且非常重要！你愿意尝试吗？

别人不会在意你的放弃

在暴风雨后的一个早晨，一个男人来到海边散步。沿海边走着，他注意到，在沙滩的浅水洼里，有许多被昨夜的暴风雨卷上岸来的小鱼。它们被困在浅水洼里，回不了大海了，虽然大海近在咫尺。被困的小鱼，也许有几百条，甚至几千条。用不了多久，浅水洼里的水就会被沙粒吸干，被太阳蒸干，这些小鱼都会干死。

男人继续朝前走着。他忽然看见前面有一个小男孩，走得很慢，而且不停地在每一个水洼旁弯下腰去——他在捡起水洼里的小鱼，并且用力把它们扔回大海。这个男人停下来，注视着这个小男孩，看他拯救着小鱼们的生命。

终于，这个男人忍不住走过去："孩子，这水洼里有几百几千条小鱼，你救不过来的。"

"我知道。"小男孩头也不抬地回答。

"哦？你为什么还在扔？谁在乎呢？"

"这条小鱼在乎！"男孩儿一边回答，一边拾起一条鱼扔进大海，"这条在乎，这条也在乎！还有这一条、这一条、这一条……"

你觉得这个小男孩傻吗？随着年龄的增长，年幼时的那份坚持、那份梦想渐渐消失了。在成年人的眼里，小男孩真是"傻"啊，救不完，干吗还要救？举个简单的例子，假如遇到红灯了，很多人都闯过去了，你还会在那里站着等吗，别人都过去了我干吗不过去。有一个人乱丢垃圾，你会如何——既然有人丢了，我也可以丢啊。于是，越来越多的人开始效仿，这样风气怎能变好？！因为很多人知道，即使我努力不去做这些事情，还是会有别人做的，我坚持又有什么用，但是这是一种极其错误的想法，你也许管不了别人，但是你可以掌控自己，至少你可以坚持自己不去这么做，假如每个人都能这么坚持，你觉得风气会如何？

也许，最后一段时间的坚持，并不能把你送入天堂——既然不能，为什么要坚持，谁会在意啊？说实话，你会在意，你的父母会在意，关心你的人会在意。因为你每做一点就会进步一点，一个人可以不成功但是不能不成长，只要每天都有进步，一天天地变好，你就越能接近你的目标，至少你可以自豪地说，你对得起自己了。

不要在意别人的眼光，如果有人嘲笑你的努力，那是他们无知，总有人会取得比他们更大的成绩，他们愿意别人嘲笑他们吗？不要怀疑自己的努力，几千年以前没有人会想到自己能在天空飞翔，可是今天我们不是已经飞上天空了吗？你的努力有人在意，最起码你自己会在意。

你能创造出机会

——如果机会没来，就创造机会；如果没有得到奇迹，就成为一个奇迹。

大学刚毕业，一个年轻人被分配到一个偏远的林区小镇当老师，工资低得可怜。年轻人有着不少优势，教学基本功不错，还擅长写作，却来了这样一个地方。于是，他一边抱怨命运不公，一边羡慕那些拥有一份体面的工作、拿一份优厚的薪水的同窗。这样一来，不仅对工作没了热情，而且连写作也没兴趣。他整天琢磨着"跳槽"，幻想能有机会调一个好的工作环境，也拿一份优厚的报酬。

就这样，两年时间匆匆过去了，不仅他的本职工作干得一塌糊涂，连写作也没有什么收获。这期间，他尝试着联系了几个自己喜欢的单位，但最终没有一个接纳他。

于是，他更加抱怨命运不公，热情也越来越少。

有一天学校开运动会，在文化活动极其贫乏的小镇，这无疑是件大事，因而前来观看的人特别多。小小的操场四周很快围出一道密不透风的环形人墙。

年轻人来晚了，站在人墙后面，踮起脚也看不到里面热闹的情景。这时，身旁一个很矮的小男孩吸引了他的视线。小男孩一趟趟地从不远处搬来砖头，在那厚厚的人墙后面，耐心地垒着一个台子，一层又一层，足有半米高，年轻人不知道小男孩垒这个台子花费了多长时间，不知道小男孩因此而少看到多少精彩的比赛。当小男孩登上那个自己垒起的台子时，冲年轻人粲然一笑——那是成功的喜悦和自豪！

刹那间，年轻人的心被震了一下——多么简单的事情啊：要想越过密密的人墙看到精彩的比赛，只要在脚下多垫些砖头。

从此以后，他开始满怀激情地投入到工作中，踏踏实实，一步一个脚印，很快，他成了远近闻名的教学能手，编辑的各类教材接连出版，各种令人羡慕的荣誉纷纷落到他的头上。业余时间，他笔耕不辍，各类文学作品频繁地见诸报刊，成了多家报刊的特约撰稿人。如今，他已被调至一所自己颇喜欢的中专学校任职。

什么是积极主动？这就是积极主动，它不是一味地抱怨，一味地等待，不是渴望别人能够给自己一个捷径让自己一步登天。很多同学在学习时，总渴望有一个很好的方法，有一个高手来指点自己，仿佛高手一指点就会"功力"大增，殊不知再指点也需要自己去"练功"，更为重要的是这样的等待，最终会让自己错失一个又一个机会。

积极主动意味着当遇到问题时，采取主动、积极的态度面对一切，主动为自己过去、现在和将来的行为负责，集中注意力于自己能做的事，不为自己无能为力的事情而烦恼，不是总从"受害者"的角度出发，抱怨别人，抱怨环境。

事实上，我们无法控制遇到的每件事，总有一些事情是我们无能为力的，比如你无法决定自己生在何处，无法选择谁是自己的父母，无法控制自己的肤色，无法决定明天的天气，无法控制别人的想法……但是，有一件事是我们能控制的：我们的态度，我们的选择，我们对遭遇的事情的反应。积极主动的意义在于我们从自己出发，通过改变自己能改变的去改变事情的结果，或者对结果的看法。一次考试失利，这是一个结果，我们无法改变这次既成的事实，但是可以改变对这个结果的看法，主动去思考这次失利的原因，主动从自己的角度寻找进步的机会，然后通过自己主动的解决来避免下一次失利的出现。

记住：我们不为不能控制的事情操心，只为自己能够控制的事情而努力。

只要坚持就有希望

在学习和生活中的许多时候，你能否取胜，不取决于你的实力，而是取决于你的执着和坚持精神！再坚持一下，只要你不轻易放弃，凡事都有转机的可能。坚持不一定成功，但是不坚持一定不成功。

很多同学告诉我，他们的学习成绩很差，可能考不上重点高中、考不上大学，心中很是茫然。也有同学说，家里穷，书又没读好，说不准明年毕业后就只好回家种地，过着面朝黄土的生活……说实话，每个人在自己的一生中，都会有陷入困境的时候。有的人在困境中沉沦，有的人则在困境中重生，后者是因为心中存有希望，"自弃者天弃之"，你应该永远记住这句话：永不放弃你的希望！

假如你的方向是明确的，只要你还能努力，就永远没有结束，总还有希望。当你能战胜一次困难，你以后就会充满战胜困难的力量。有这样一则故事：

有一位心理学家做过这样一个试验：他将两只大白鼠放入一个装了水的器皿中，它们会拼命地挣扎求生，所能维持的时间为8分钟左右。然后，在同样的器皿中放入另外两只大白鼠，在它们挣扎了8分钟筋疲力尽时，放入一个可以使它们爬出来的跳板，让它们活下来。若干天后，再将这对大难不死的大白鼠放入同样的器皿，结果令人大为吃惊：它们竟然可以坚持24分钟，是一般情况下能够坚持的时间的3倍。

这确实让人非常吃惊，甚至有人怀疑：难道这两只大白鼠的体力更加充沛了？其实并非如此，前面的两只大白鼠，是凭自己本来的体力挣扎求生；而有过逃生经验的大白鼠却多了一种精神力量，它们相信在某一个时候会有个跳板救它们出去，这使它们能够坚持更长的时间。这种精神力量，就是积极的心态，或者说是内心对一个好的结果存有希望。

每个人心中都蕴藏着希望，关键在于你愿不愿意去坚持。在考试的最后阶段，如果放弃了，你心中永远都有这样一个阴影，等你今后再遇到困难时，这个阴影就会出现并影响你。

我曾经在课堂上做过一个实验，让班上的男同学每天做一个俯卧撑，这是一件很容易的事情，当我问他们每天做一个俯卧撑坚持半年能不能做到时，他们都异口同声地告诉我可以，可是跟踪的结果并不乐观，一个月后坚持的同学就少了很多，半年后就更没有几个同学坚持了。做一个俯卧撑很简单，可是就是这样一件简单的事，你能一直坚持做下去吗？每个学期开始我们踌躇满志，对自己提出各种希望和要求，想在新学期大干一场，但做得如何呢？在每周一，我们也都对这一周抱有很高的期望，甚至每个清晨我们都对今天提出了要求制订了计划，可是这些目标和计划，大家坚持了多少？

不怕千万人阻挡，只怕自己投降！要想成才，一定不能放弃希望！

你已经坚持读书十几年了，就在最后的时刻，怎能轻易放弃，你甘心吗？假如时间更多些，你或许很容易下定决心去坚持，可是越是临近考试，时间越短，你还愿意坚持吗？真正的勇士不是心中无所畏惧，而是心怀畏惧却又勇敢面对。

请记住：如果不坚持，到哪里都是放弃。如果这一刻不坚持，不管再到哪里，身后总有一步可退，可是退一步不会海阔天空，你只是躲进自己的世界而已，而那个世界也只会越来越小。

一位北大校友在未名论坛上写过这样一句话：自己选择的路，跪着也要走完！也把它送给所有的同学，请记住：坚持不懈，终会成功！

理解你的经历。

改变学习态度的七条建议

选择放弃、随波逐流、混日子是一种态度问题，一旦态度出了问题，你的将来很有可能出现问题。每个人都会经历挫折，面对挫折、正视挫折，是一种人生态度。

自己的努力不只是为了给别人看，也许，你很在意别人的眼光，希望得到别人的认可，这无可厚非。但是，你活着并非仅仅为了让别人看，活出自己、对得起自己和关心你的人，才是最重要的。努力从来不嫌晚，只要从今天开始，一天比一天进步，每天都做最好的自己，就是一种胜利，一种态度的胜利，一种可能赢得未来的胜利。

怎样改变学习态度呢，我给你七条建议。

建议一：心怀明天，活在当下。很多同学都渴望明天的成功，或者担心明天的失败，可是你的渴望你的担心有什么用？与其把时间浪费在渴望和担心中，还不如珍惜好现在。心中揣着明天的目标，充实地度过今天，不要今朝有酒今朝醉，殊不知醉生梦死的生活总有醒的一天。请好好地珍惜现在，能做多少就做多少，因为你生命的长度由今天的努力决定，今天做得好，明天就会更好，你的生命长度也会增加。

建议二：明确你的方向。努力并非没用，关键要确定你努力的方向，如果选择读书，那在学校每一天的学习都会给你增加分数，都会对你未来的学习增加积淀；如果选择工作，那就要想想要做什么工作，要开始准备，不需要继续在学校待着浪费时间。也可以主动找自己的父母谈谈，确定你未来的方向。

建议三：马上行动。你一旦想好了要怎么做，就马上行动，不要再浪费自己的时间。

有一次，有一个人请教一个非常成功的人士。

他说："请问你成功的秘诀到底是什么？"

他说："马上行动！"

"当你遇到困难的时候，请问你到底如何处理？"

他说："马上行动！"

"当你遇到挫折的时候，你要如何克服？"

他说："马上行动！"

"在未来，当你遇到瓶颈的时候，你要如何突破？"

他说："马上行动！"

"假如你要分享你成功的秘诀给全世界每一个人，那你要告诉他什么？"

他说："马上行动！"

建议四：学会正面思维，远离负面思维。谁都会经历挫折，面对挫折，你如果把它看成是拦路虎，它就会成为拦路虎；你把它当作进步的机会，它就会成为你进步的机会。如果你一味地消极悲观，恐怕错过了太阳还会错过月亮。

建议五：坐以待毙不如疯狂一把。既然已经成了这样，还能比这更坏吗？ 12年的求学路，怎能如此轻易就放弃，既然没有什么好输的了，何不让疯狂进行到底，竭尽全力，去拼一把！

建议六：不要抱怨别人、自己甚至环境。事情既然已经发生，抱怨只会把自己弄得更糟糕，与其抱怨，还不如考虑如何改善。无论如何，你总可以通过自己的努力，改善自己来适应环境，在当下环境中做到最好，进而影响环境。更何况我们每个人最能管理和影响的人也是我们自己。

建议七：改变态度，从而改变未来。人生道路上，难免有挫折和崎岖，既然它是不可避免的，何不尝试着改变对它的看法和态度，从而改变挫折呢？

一个女儿对父亲抱怨她的生活，抱怨事事都那么艰难。她不知该如何应付生活，想要自暴自弃了。她已厌倦抗争和奋斗，好像一个问题刚解决，新的问题就又出现了。

她的父亲是位厨师，他把她带进厨房。他先往三只锅里倒入一些水，然后把它们放在旺火上烧。不久锅里的水烧开了。他往第一只锅里放些胡萝卜，第二只锅里放入鸡蛋，最后一只锅里放入碾成粉末状的咖啡豆。他将它们浸入开水中煮，一句话也没有说。

女儿咂咂嘴，不耐烦地等待着，纳闷父亲在做什么。大约20分钟后，他把火闭了，把胡萝卜捞出来放入一个碗内，把鸡蛋捞出来放入另一个碗内，然后又把咖啡舀到一个杯子里。做完这些后，他才转过身问女儿，"亲爱的，你看见什么了？"

"胡萝卜、鸡蛋、咖啡。"她回答。

他让她靠近些并让她用手摸摸胡萝卜。她摸了摸，注意到它们变软了。父亲又让女儿拿一只鸡蛋并打破它。将壳剥掉后，她看到的是只煮熟的鸡蛋。最后，他让她喝了咖啡。品尝到香浓的咖啡，女儿笑了。她怯生生地问道："父亲，这意味着什么？"

父亲笑了笑，他解释说，这三样东西面临同样的逆境——煮沸的开水，但其反应各不相同。胡萝卜入锅之前是强壮的、结实的，毫不示弱，但进入开水之后，它变软了、变弱了。鸡蛋原来是易碎的，它薄薄的外壳保护着它呈液体的内脏，但是经开水一煮，它的内脏变硬了。而粉状咖啡豆则很独特，进入沸水之后，它们反倒改变了水。

其实在生活中，有的人像胡萝卜一样，开始毫不示弱，但经历了挫折后，便变得脆弱了；而鸡蛋原先是"胆小"的，但是经历了失败与磨难后，变得十分坚强；另一些人，则像咖啡豆，不仅战胜了挫折，还将挫折转变为成功的踏脚石，走向成功。

面对挫折，你是鸡蛋、胡萝卜，还是咖啡豆？

第三章

努力了，为何没有好成绩？——学习方法

【对话和博士】

付出那么多，却看不到收获

我初中时成绩非常好，每次考试基本上都在班级排前三名。老师和同学都认为我考重点高中没什么问题。可是，我中考没考好，只是勉强过了分数线上了这所高中。我给自己打气，希望自己在高中可以学得好一些。高一期中考试，我考了班级的十多名，还算可以，但我觉得我本来可以考得更好的。我很努力地学，投入了更多的时间和精力，可是期末考试，我发现自己没有进步，还比上一次考试跌了几个名次。我不知道自己哪里出了错，我觉得自己已经够努力了，可是为什么会考得这么差呢？我真的不知道自己怎么会这么没用，考得这么差？

明明很在意数学，明明花了很多时间，但还是没有考好，看着别人比自己考得好，很难过，一方面有些不服气，一方面更是为自己伤心，真的，我花了很多时间、很多精力，卷子、高考题都有做，可是它还是让我失望，考试卷子上每一道题我都会，但是我不知道考试时是怎么了，会有那么多失误。难过……

方向比努力更重要

有一则寓言，是说有两只蚂蚁想翻越前面一堵墙，寻找墙那边的食物。墙长有二十来米，高有近百米，其中一只蚂蚁来到墙前毫不犹豫地向上爬去，辛苦地努力向上攀爬。可是每到它爬到大半时，就会由于劳累、疲倦等因素而跌落下来，可是它不气馁，它相信只要有付出就会有回报。它更相信只要坚持不懈，就会距离成功越来越近。一次跌下来，它迅速地调整自己，又开始向上爬去。

而另一只蚂蚁观察了一下，决定绕过这段墙去。很快地，这只蚂蚁绕过墙来到食物面前，开始享用起来，而那只蚂蚁还在不停地跌落下去又重新开始。

爱迪生有一句大家熟知的名言："天才就是99%的汗水加1%的灵感。"但这句名言却被绝大多数人长期误传。很多人就像第一只蚂蚁，非常的执着，决不气馁，认为只要肯努力，就一定能翻得过去、一定能成功，可结果并非你想象的那样。很多人只理解了这句话的前半句，但是忽略了最关键的后半句——但那1%的灵感才是关键。

在学习过程中，很多同学就像第一只蚂蚁，没有弄清楚自己的问题，只知道自己成绩没上去，有不理解的东西，有不会的东西，自己需要努力；更可悲的是他们也从老师、父母和同学那里得知"别人比你还努力"，于是就开始加班加点地努力了。可结果，就如同第一只蚂蚁一样。

成功除了坚持不懈外，更需要方向。选择一个适合自己的方向，进步来得比想象的更快。庸庸碌碌地不去追求，自然没有成功的机会。可是，不了解自己，不会寻找最适合自己前行方向的人，也许他很努力，并且付出了艰辛，最终还是很难成功。蚂蚁前面的食物就是"理想"，怎样最快地获得它，选择明确的方向比盲目地努力重要。正如你的学习，不要盲目选择各种学习方法，别人的方法未必适合你。每个人的情况不同，即使选择了一种不错的方法，也要根据自己的情况适当地调整，不然将会事倍功半，就像第一只蚂蚁那样努力很多却收获甚少。

　　所以，成绩上不去是出了问题，在努力之前先要把问题找出来。

很多伟大的发明都来自"要是能这样多好"

为什么没能得到高分？

我们看到的成绩是考试的分数，为什么你没有考出想要的分数？很多同学不明白，理解了知识点，并不意味着考试时你能把题目做对，也不意味着你能考高分。所以，你得弄明白自己没有考出好成绩的原因在哪里。

没能拿到高分，可能有以下几个原因：

原因一：确实因为不会做题目。这是很普遍的现象，有很多同学由于知识掌握得不太好，试卷中很多题目不会做。以数学为例，对知识点概念、性质、公式的理解程度决定了你做题的熟练度，其实各个学科都一样，都需要把基础知识理解了，才能在做题时想到思路，否则只会是题目认识你，你不认识题目。

原因二：时间不够用，会做的题目没做完。有不少同学反映，考试的题目能做出来，就是需要时间，然而考试的时间是固定的，规定时间内没法做完会做的题目，自然拿不到更高的分数。这跟知识熟练度和题型熟练度（分析速度和解题速度）有关，所以平时要反复看知识点概念，并通过做题强化题目分析和标准化步骤书写。

原因三：会做的题目做了，可就是出错了。很多同学有这样的经历，题目真的不难，而且也都做了，然而试卷发下后，却发现会做的题目甚至极简单的题目都出错了，原因被很多同学简单地归结为马虎，事实上，出错的原因并非如此，他们被表面现象欺骗了。

原因四：考试紧张焦虑，心态出了问题，结果没考好。相当一部分同学一考试便会心里紧张焦虑，难以进入答题状态，考试时脑子容易发蒙，一片空白，结果不能做对题目。你可以在本书第三章了解更多考试焦虑的原因和对策。

原因五：身体原因导致考试没考好。没有谁能保证自己在考试时身体不生病，完全不受影响那是骗人的，虽然大多数同学受影响但也没有大家认为的那么恐怖。

原因六：过强的学习动机。有很多同学自己的成绩曾经还不错，可是几次考试下来，越考越差，如果说没努力那也罢了，关键是自己下了很大功夫，很努力了，可还是考不好，于是，开始怀疑自己，认为自己可能是脑子太笨，不是学习的料。付出了很多，却得不到应有的回报，上课也开始恍恍惚惚听不进去；越是担心这种状况，越发严重，就怕对不起父母，为什么会这样？说实话，我很同情这样的同学，原因其实很简单，他们的学习动机太过强烈了，他们很勤奋甚至过于勤奋，容易自责，情绪波动剧烈，紧张焦虑。很多人可能觉得奇怪，觉得总是越勤奋越好，但事实并非如此，经济学家福登博格说过，"对一件事的投入是一种很好的积极生命动力，但过分地投入就不好了，它会夺取我们的精力、热情、成就，而让生命的目标也为之抹杀，最终对我们的身心健康造成威胁"。这跟心理学中的"倒U形曲线"很类似——动机强度与活动效率两者并不呈现正的线性关系，动机强度过高或者过低，均会导致活动效率下降——所以，要注意保持中等的动机水平，这样最有利于学习与考试。很多同学由于认知模式的不合理、信念的不理性产生了情绪的困扰，容易产生以偏概全、夸大其词、非此即彼等不合理的信念特征，比如"我真的太失败""我现在信心都没有了，总觉得自己可能脑子太笨了，不是学习的料"等。一旦你的自信心受到挫伤，你很容易自暴自弃。

我列出了这些可能的原因，可能还有其他原因，是希望你在遇到问题时能这样做：

首先，要明白出了问题，一定是有原因的；

其次，你要把可能的原因列出来，先确定这些原因；

最后，列出原因后，你就要针对每个可能的原因进行思考，看看能采取哪些措施解决这个问题。

简而言之，你要明确出问题的方向再去努力，否则一切都是白搭。

学习方法的秘密

秘密一：留给自己思考总结的时间

有一位非常有名的学者，身边有一批学生，其中有一位非常勤奋，每天早晨 5 点起床进实验室，中午在实验室吃自带的饭，吃完饭后又接着干，到晚上 10 点才回宿舍休息。众学生羡慕他的精力，老师们都夸他的勤奋，然而，这位学者却有点担心。有一天，学者问这位弟子："你每天几点进实验室？""早晨 5 点。""中午休息多长时间？""不到一个小时。""晚上几点回宿舍？""10 点左右。""那你有多少时间思考？"学生无言以对。

进入中学尤其是毕业班，学习强度非常大，在一些重点中学，一些学生每天的学习时间在 13 ~ 15 个小时，基本上除了吃饭睡觉都在学习，甚至周六、周日，还安排了各种各样的辅导班。我想问，这样一来你还有多少时间用来思考。

学习并不是一味地学、一味地做题，很重要的一点是还要学会思考，善于反思和总结。很多同学喜欢搞题海战术，其实，不是很多同学愿意搞，而是因为老师布置了大量的作业，做完老师的作业，你又想做些自己的题目，结果，所有的时间都用来做题了，而越做越发现，原来题目根本做不完。这背后隐藏着一种心理：你希望能把所有类型的题目都做一遍，期望考试的时候碰到类型题，甚至是原题。

说实话，在初中、高中我尝试过各种各样的方法，题海、题典我也都做过。假如你也如此尝试了，你一定会发现，所做的题目当中有很多重复的题目，一旦你反复做重复的题目或同类型的题目，时间长了就会产生一种惯性，会让你很少思考就直接解答，这看似提高了你的解题速度，实则埋下了不求甚解的隐患。

做题时，你需要明白这道题是考什么的，包含哪些考点，可能有哪些陷阱，可能出错的地方有哪些，这类题标准的解法是怎样的。这是不得不思考的，但很多同学在平时做题中很少思考这些。我见过很多同学，做题并不是为了让自己掌握更多的类型题，相反他们是在追求数量，做的题目越多会越自豪，可以跟一些同学炫耀——看吧，我做了这么多道题目了，你不行赶不上我。

一定要警惕这种现象，你要明白自己为什么做题，我更希望你能学会思考；同一类型的题再次出现，要注意考的内容是否一样，即使一样，也要看题目的已知条件是不是一样，要求解的结果是不是一样。2005 年在河北广播电台，我做了一个面向全省的高考直击活动，我主讲了高考数学、物理和化学，在数学讲座中，我重点介绍了数学考试答题的艺术。在直播中我举了一个例子：

有这样两道几乎一模一样的题目：

第一道题目是：$y=\log_2(ax^2+3x-4)$，$x \in R$ 恒成立，求 a 的取值范围。
第二道题目是：$y=\log_2(ax^2+3x-4)$，$y \in R$ 恒成立，求 a 的取值范围。

两道题目只有一个字母不同，可答案却截然相反，我记得当时考试的时候，绝大多数同学拿到题目乍一看是原题，便不求甚解，直接选择了选项，结果就出错了。在考试时，很多同学常犯一种错误：看着题目眼熟甚至是原题，脑子中便会想当初是怎么做的，当初的答案是什么，却没有直接从题目本身思考，根据题目的类型去分析并解题。

很多同学就是这样盲目地做题，完全没有主动性、积极性，只是去完成任务，这样就很难得到心里期盼的结果。我们知道"笨鸟先飞"，但即使"飞"也得弄清楚方向；盲目地乱飞，不仅仅会迷路还可能被"猎人打下来"。

汉语中有两个字很有意思："忙"和"悟"。"忙"和"悟"，都是心字旁，"忙"乃"心亡"——心死了，你没心了；"悟"呢——心属于我，心归我为"悟"。学习要知道为什么学习，做题要清楚为什么做题，要学会思考，这样你才能心中有数。如果天天忙得要死，都在忙着做题，搞题海战术，却不懂得思考和反思，你怎么可能得到想要的分数？

所以，在学习、做题、考试时，你要学会思考，"为什么"比"答案"更重要。

秘密二：莫打时间的消耗战

"抓紧一切时间学习""我都每天学习15个小时了，怎么还赶不上他10个小时的学习！"一天24小时，有人恨不得每分每秒都学习，可是为什么有的人收获多，有的人收获少呢？

很多同学有这样的体会：眼睛盯着书本，脑子里却不知想到哪里去了。如果这时候精神比较疲倦，就更容易走神。当你好不容易进入了专心的状态，假如突然有些事情把你打断，譬如接个电话，被父母或朋友打断，然后回到书桌前再来看书，你又需要花几分钟来集中注意力，更不用说你自己在书桌旁东看看西看看、玩玩这个玩玩那个了；如此反复被打断，最后你感觉看了3个小时的书，实际上真正"看进去"的时间可能都不超过一个半小时。所以，看书时最好不要随便打扰；特别是看书背诵，最好选择精力旺盛不容易受干扰的较长时间段来做。

每个学科都有自己的特色，要根据不同学科的学习特点来安排时间。对于那些需要大量阅读、理解、背诵的东西，就要安排时间比较长、精力比较充沛、不容易受到干扰的时间段来做。

但是，你不可能在所有的时间都精力旺盛，那么在你精力不太旺盛，又容易受干扰的时间做什么？

你可以考虑两件事情：适当休息和拿笔做题。

第一件事：适当休息。并不是每个人的精力都那么旺盛，也并非在所有学习的时间段你都能保持旺盛的精力。我在高中和大学时养成了这样一个习惯：中午、晚上都会趴在书桌上小憩 15 ~ 30 分钟，即使到现在我仍是习惯性地在书桌上趴一会儿，从不在床上睡觉。这样可以让我在下午和晚上精力充沛。现在，有很多同学喜欢熬夜，因为夜里安静，有利于学习。但这样做，会影响白天的精神，上课总想打瞌睡，又不敢睡觉，即使睡觉也不安稳，害怕被老师发现，于是课没有听好，觉也没有睡好，一天到晚都迷迷瞪瞪的。其实高中的时间说长也长，说短也短，要浪费时间很容易，一晃就过去了；要努力学习，时间也足够长，学习任务重的时候偶尔熬夜可以，长期如此肯定坚持不住。

在学习中如果真的困了累了，精力不是很好了，我建议你最好小憩一会儿，与其勉强坚持，还不如补充精力，让效率更高。你不是超人，只有休息好才能学习好，长时间超极限的学习会将你击倒的，如果因此让你无法取得好成绩，那就得不偿失了。

我希望你能记住这句话：不是抓紧每一分钟学习，而是抓紧学习的每一分钟。每天比别人多睡半个小时、一个小时没有什么大不了的，关键看谁的学习效率高。

第二件事：拿笔做题。做题时不要只看不练习。很多同学对于理科的题目或者文科的问答题，仅仅是看，只要会做就行从不动笔，这会导致你遇到这类问题，虽然会做但是拿不了分数。在注意力不容易集中、有些疲劳时，你可以适当提笔做题，这样可以强迫你集中注意力，即使周围环境比较吵闹，即使你精神状态不太好，仍然可以达到练习的效果。比如有些同学下课不想动，那就可以利用这10分钟做几道英语或文科选择题，即使突然有同学找你聊天，你的思路被打断了，聊了一会儿也可以再提起笔做下一道题目；如果你用来看书，除非你有超人的定力，否则恐怕还没有看清书上写的什么就上课了。

秘密三：学习的阶梯形曲线

有很多同学向我抱怨："这段时间我真的在很努力地学习，可是学习成绩不仅没有提高，反而下降了，这是咋回事？"

学政治时，你知道这样一个道理，"前途是光明的，道路是曲折的"。学习亦是如此，学习进步就像一个非常大的阶梯，只要平时多努力，坚持下来了，总有一天成绩会实现质的飞跃。不少同学有这样的体会，在英语学习中，你坚持了很长时间，可是成绩并没有明显的变化，可是一旦你不坚持了，成绩一下子就下降了。这就如同你爬一个阶梯，上升一阶后，要在这个台阶上往前走很久，然后才会迈向另一个台阶。说实话，学习的进步与努力时间的长短，并不是严格的比例关系。举个例子，你上次考试考了85分，不会说你努力学习一天，就能考86分；两天，87分；一周，92分；一个月，120分——没有这么严格的正比关系，而是体现为一种阶段性的进步。这种阶段大概是20分左右，你上次考了85分，努力了一周、一个月，但是你的水平仍然会处在80分～100分这个分数阶段，在这个阶段内考出任何分数都是很正常的。

通过一段时间的努力，下一次考试可能略有进步，可能没有变化，甚至略有退步，都是很正常的，不能借此说明努力没有用。实际上，你的成绩正在80分~100分这个阶梯上水平向前运动；可能再努力一个月，你就可以跨越这个阶梯，达到下一个20分的阶梯。你会突然发现，从此以后，你的成绩很难下110分了——这正是你坚持不懈努力的结果。

所以，对学习来讲，坚持就是胜利，胜利了还要坚持，这是压倒一切的真理。在你最痛苦、感到最没有希望的时候，一定要想想学习进步的阶梯形曲线，鼓励自己坚持下去，直到实现成绩的阶段性突破。

有很多同学问我，有没有什么方法让我的数学、英语、物理或化学一下子就有所提升呢。我不是阿拉丁神灯，哪里有什么万能的方法和灵药帮你一下子就提升呢。说实话，现在的很多同学心态特别浮躁，总想一下子就学好，可是过了一段时间后发现没有提高，就觉得自己没有指望了，干脆放弃了学习。

在百度贴吧中，我看到一个女孩写下了自己的坚持和努力：

10年前,我不知天高地厚地在田字格里写下"未来浙大人"五个大字,我记得我写得很用力,我天真地以为,只要我愿意,什么都可以。可是高考它根本没有在乎过我是怎么想的,它只在乎我学了多少,而事实就是我一直没有为梦想而努力,所以就算我高三醒悟了,废寝忘食地学习,模拟考回报给我的也只有比一本线高20分的成绩,可浙大的录取分数要高出80分,更令我难过的是我只剩下四个多月的时间了,除非奇迹出现,否则高考一定会无视我这10年的梦想。每次想到自己离浙大还有那么远的距离,心真的好疼,那种疼痛能让你站不稳,接着头晕目眩。是的,我爱浙大,可是我却没有为她拼命地付出。

4个月后,无论我成功与否,我都会在志愿上填上你的名字,为了你再拼一年也值得——浙大。义无反顾起床，补习物理，下午上课班主任给了我一个惊喜，省里诊断性考试成绩出来了……我排在班级第一，年级23名，市里46名，这还不是最令我激动的，重点是她说：孩子，你考浙大有望了。

我还记得高一时，老师叫我们写梦想，我以年级第362名的身份，写了浙江大学。我看到班主任对着我笑笑，那笑容里有无奈，然后对全班同学说，同学们，确定目标是要与实际相结合的。下课后，我到办公室把话撂下了：你说得对，我是班上倒数，年级三百多名，考浙大的只会在前30名里出现，但你凭什么就敢断言我不能成功。2010年我会让老师你发现，经验永远敌不过奇迹，你会亲眼见到我创造的奇迹。

从那天起，我就让补课充实了我的周末，我奔走于各个教学大楼，只为找到一个公认的补习得不错的老师。数学老师家离我家很远而且在晚上补课，我每个星期六晚上都得骑着自行车经过路灯昏暗的小路，说实话我是个胆小的姑娘，每次都得心跳加速一阵子，次数多了，就不怕了，我要创造奇迹胆子小了可不行。我每天给自己的目标是心不存疑，一发现疑问，就奔向理综办公室，那是个温暖的地方，每个老师都讲解得很耐心。我不知道你们能不能明白"未浙人"给予我的力量：为了浙大，我从家搬到了学校，每天穿行于教室、食堂和寝室；快两年了，我每个星期出一次校门，每个月回一次家；我忙于背单词，忘记食堂饭菜的难以下咽；忙于整理数学题，没有听见爸爸妈妈问候的电话；甚至是打针的时候我都会不停地在生物书上勾勾画画。困了，我就大声念出来；累了，我就听着下载的英语美文跑跑步，别人的mp4里是《2012》《柯南》，而我的只有《陈情表》《滕王阁序》《新概念英语》，只为了一丝不苟地执行我的涨分计划，我要让自己有资格以"未浙人"自居。

高二上学期，第200名，二本线上，距离浙大180分；高二下学期第 140 名，接近一本线；高三第一次月考第 120 名，超一本线 1 分，距离浙大 79 分；高三，市第一次调研，第 54 名，超出一本线 20 分，距离浙大还差 60 分；高三，省第一次调研，距离浙大 8 分。浙大，我终于成了一个离你很近的孩子，你看到了吗？其实，我好想家，可是为了你，我必须在学校生活，我会一直坚持到高考……吧里的同学们，加油啊……

看到女孩写下的经历，我真的很感动，这是一份怎样的坚持，也许她经历了挫折，但是她从未放弃，为了她的梦想，她坚持着投入着，于是她接近成功了。正如衡水中学流传着的一句话——无论怎么坚持，我都可能失败；无论怎么失败，我都始终坚持。所以，在你感到最痛苦、最没有希望的时候，一定要想想学习进步的阶梯形曲线，鼓励自己坚持下去，直到实现阶段性突破。

真正的恐惧来自恐惧本身，害怕失败就是最大的失败。

秘密四：规范化解题

为什么会做的题目却出错？不是你所谓的粗心、大意、马虎，而是你做题不规范，只要养成了规范化解题的习惯，会做的题目是不会出错的。很多同学喜欢看题而不做题，看会了并不意味着你就能做对，一定要拿笔做题。

我的一些朋友是高考阅卷老师，我常跟他们讨论阅卷的事情。每个判卷的老师很想给你们分数，可就是找不到给你分数的点，说实话老师比你痛苦，想给你分数还给不了，多痛苦啊。标准化的解题要落到得分点上，理科题目和一些文科问答题都有采分点，只有写出采分点才可以得到分数。

尤其是数学，这是最需要规范化的科目，很少有同学仔细研究课本上的例题，例题为什么要这么解？它的步骤为何这么安排？定理、推论是如何应用的？这都是你要学习的。

详细的规范化解题方法，你可以参考《学会自己长大③》一书。

秘密五：只做最重要的事情

在学习的同时，你还会遇到各种各样的事情，尤其到了初三或高三，要懂得取舍，譬如有的同学喜欢玩游戏，这时就要考虑限制时间，或者暂时先不玩。用智慧来做出正确的取舍，用意志来坚决贯彻自己的计划，用乐观的精神来面对现实的无奈。

你可能会问，怎么取舍啊，有没有办法，我给你讲一个故事，看看故事中的人是如何取舍的。

美国伯利恒钢铁公司总裁查理斯·舒瓦普曾会见效率专家艾维·利，问他怎样才能把公司管理得更好。

艾维·利说可以在 10 分钟内给舒瓦普一样东西，这东西能使他的公司的业绩提高至少 50%。然后他递给舒瓦普一张空白纸，说："在这张纸上写下你明天要做的最重要的六件事。"过了一会儿又说："现在用数字标明每件事情对于你和你的公司的重要性次序。"这花了大约 5 分钟。

艾维·利接着说："现在把这张纸放进口袋。明天早上第一件事情就是把这张纸条拿出来，做第一项。不要看其他的，只看第一项。着手办第一件事，直至完成为止。然后用同样方法对待第二件事、第三件事……直到你下班为止。如果你只做完第一件事情，那不要紧。你总是做着最重要的事情。"

艾维·利又说："每一天都要这样做。你对这种方法的价值深信不疑之后，叫你公司的人也这样干。这个实验你爱做多久就做多久，然后给我寄支票来，你认为值多少就给我多少。"

整个会见历时不到半个钟头。几个星期之后，舒瓦普给艾维·利寄去一张2.5万美元的支票，还有一封信。信上说从钱的观点看，那是他一生中最有价值的一课。后来有人说，5年之后，这个当年不为人知的小钢铁厂一跃成为世界上最大的独立钢铁厂，而其中，艾维·利提出的方法功不可没。这个方法还为舒瓦普赚得一亿美元的利润。

艾维·利这个价值2.5万美元的方法其实可以用一句话来概括：只做最重要的事情。

只做最重要的事情，总结出步骤是：

步骤一：每天写出你要完成的六项最重要的事情；

步骤二：按照重要性排列，在六项最重要的事情前标明做的顺序：1至6；

步骤三：第二天拿出纸条，先专心做完第一件，记住不用考虑第二件事；

步骤四：当完成第一件事后，再专注做第二件；

步骤五：依次做完其他的四件事；

步骤六：每天坚持做以上五步。

从现在开始尝试吧，只需坚持一个月，你就会发现，你的学习效率提高了不知多少倍，你居然完成了许多看起来要花两三个月才能做完的事情，而且时间也突然变得好像花不完一样。

这种方法能让你做出选择，把时间和精力花在最值得做的事情上，而不会被琐事干扰。拿破仑·希尔归纳了四条做不值得做的事情的坏处，十分经典：

1. 不值得做的事情会让你误以为自己完成了某些事情；

2. 不值得做的事情会消耗时间与精力；

3. 不值得做的事情会浪费自己的有效生命；

4. 不值得做的事情会生生不息。

请立刻行动吧，记住：只做重要的事情！

秘密六：集中优势兵力，各个歼灭

无论你做什么、怎样做，在同一时间你只能做好一件事。高考要考很多科目，每个科目都有好几本书，每本书都有好多章，要想学好，唯有集中优势兵力，一个一个解决。如果想同时把这几门课都学好那是不现实的，你要按顺序来，先重点提高一个学科的分数，再去提高另一个学科的分数。

你想高考成绩提高 50 分，那么不妨先把主要精力集中到某一门科目上，譬如数学，在一个合理的时间内全力补习数学，争取把数学成绩提高 10 分；然后再把精力转移到另一门，再争取提高 10 分。这样做的效果，肯定比你同时恶补所有科目的效果要好。

所以，请选择你觉得最容易提高的科目开始突破；如果不知道哪个最容易，那就随便选择一个，而不要想一下子全部提高，因为如果那样做，最后可能是所有的科目都无法提高。

按部就班就是最快的学习方法

　　很多同学问我，有没有什么好的办法让他们的成绩很快提高，他们总想找到最好最快的方法。其实，哪里有这样的方法啊，当你在等待、寻找这样的方法时，你已经错过了真正好的办法。

　　见效最快的学习方法，就是列出问题，找出问题原因，然后循序渐进，一个一个地消除。譬如，数学没有考好，拿出试卷分析下，看看有多少题目没有做对，找到做错的原因，看看其中有多少是因为不理解这类考点做错的，这是知识储备的问题，把它们都写到一张纸上。你也可以拿出最近考的几份试卷，把不会做的题目的知识点列出来；然后，开始列出复习知识点的顺序，从第一个知识点开始一个个地掌握，把该类知识点掌握了，再找到该类题型的解题规律，再找一些类似题目尝试练习，你看是不是就可以解决这个问题了。其实，数学没有多少知识点，按照这样的顺序，你觉得会用多久把所有不理解的知识点消灭掉呢？

　　可悲的是，很多同学天天在那里喊天喊地，希望有人给他们一种方法尽快帮他们提升成绩，殊不知解决问题的方法就在自己手中，是自己不行动，这能怪得了谁？在高中，我的数学老师告诉我，做数学最好的方法，就是拿起笔把题目的已知条件都列出来，将要求解的东西也列出来，然后，一步步写出求解步骤。简而言之，就是你要动手写出来，只看不动手，只思考不写出来，你很难做对题目。

　　为什么有那么多同学希望能找到一个方法让成绩快速提升呢？很简

单，很多同学普遍存在一种心态：寄希望于有一种走捷径的学习方法，使自己能够迅速提高成绩，后来居上。你要记住：世界上没有所谓快速提高学习成绩的好方法。无论什么样的方法，要真正取得成效，都必须依靠持之以恒、循序渐进的努力才能出成果。

我曾跟高三同学谈过我的学习经历：为什么在高考前的一年，我的成绩能提高那么快？没有什么特别的方法，我仅仅是按部就班地学习，这个过程很轻松，因为我知道我哪些题目不会，哪些知识点我没掌握好；然后，把这些不会的知识点一个一个地弄会，仅此而已。

所以，正如拿破仑·希尔所说："按部就班地做下去是实现目标的唯一的聪明做法；想要实现任何目标都必须按部就班地做下去才行。"

所以，在学习中遇到困难的时候，你可以这样告诉自己："要创造奇迹，我办不到，我只有谨慎从事，一步一步小心翼翼地前进，才可能取得成功。"只有戒骄戒躁，每天按部就班地按计划学习，反而有可能取得不可思议的巨大进步。

提高成绩的九个绝招

　　尽管很难令人信服，但我相信如果愿意的话，每个人都能取得好成绩，就算他们之前从来没有过好成绩或学习一直都有问题也没关系。如何在学校实现学习上的成功，我想你可以借鉴下面的"绝招"。

　　绝招一：相信自己能行——破除自我设限。首先你一定要相信自己的能力，不要给自己贴上"笨""学习不好""差生""得不到高分""不是学习的料""没有可能学好""我不行"这样的标签，你需要改变原有的思维模式，解除自我设限！

　　记住：相信自己的能力，不要迷失在别人的声音中！

　　绝招二：敢于梦想——设立特定目标，并为目标规定期限。敢于想象你想成就的事情，比如，我想考上北京大学，没有不可能，看你敢不敢想，敢不敢为梦想拼搏！把梦想变成特定目标，并将目标分解成阶段性可以达到的小目标，同时为每一个小目标规定切实可行的期限。

　　绝招三：姑且试试看——迈出关键的第一步。某同学进步了，你有没有这种想法："那是我没努力，如果我努力了一定行，什么时候我也努力一把。"如果有"什么时候我也试试"的想法，估计是很难实现了，你不妨抱着"试试看"的轻松心态学习某个学科或解决某些问题。

　　记住：想要做的事情，不管怎样先试试看，当你迈出了艰难的第一步时，目标已经实现了一半！

　　绝招四：从概貌开始，选择一本合适的基础书籍——专心使用一本参考书，将所有重点题目或信息集中到基础书上。了解一个城市，不是走遍每条街道，重要的是你需要一份地图！学习也如此，你要学会从概貌开始学习，明白这个科目的整体情况，而不是在一个又一个知识点间打转。从概貌入手选择合适的入门书籍，入门书籍要内容分量少、但又集中了该科全貌，能在短时间内快速看完且简单易懂。如果入门书籍过于模糊、厚重，会让你讨厌这一科目，进而兴起放弃的念头。选好入门书后，要选择合适的基础书籍——集结了该科绝大部分内容的书籍，记住：学会将所有你想得到的题目或重点信息集中在基础书上，正所谓一书在手考试不愁！只要将所有信息集中在一本书上，就可避免看到某个题目有印象却还要到处翻书寻找的情况，所有你想得到的题目或重点都可以在一本书上找到。

绝招五：学会从一点突破，集中优势兵力，各个歼灭。通过彻底学习某一方面的知识，从而调动起对其他相关知识的兴趣。无论你做什么、怎样做，在同一时间你只能做好一件事。中高考要考很多科目，每个科目都有好几本书，每本书都有好多章，要想学好，唯有集中优势兵力，一个一个解决，如果想同时把这几门课都学好那是不现实的，你要按顺序来，先重点提高一个学科的分数，再去提高另一个学科的分数。所以，请选择你觉得最容易提高的科目开始突破；如果不知道哪个最容易，那就随便选择一个，而不要想一下子全部提高，如果那样最后可能是所有的科目都无法提高。

绝招六：选择志同道合能提高效率的学习伙伴。若能与学习伙伴相互学习相互鼓励，彼此最后都有可能顺利上榜。但成绩优秀的同学也有可能被不好的伙伴影响，最后以落榜收场。最有效的学习方法之一就是"教导他人"，因为教导他人的同时，自己的理解度以及记忆能力都能有很大的提升。答题时内心要有一个声音："我能写出让原本连解题方法都不会的学生看了之后能马上明白的答案吗？"所以找一个学习伙伴，不要担心对方成绩比自己差，只要彼此能交换学习信息就能节省学习时间，教导对方的同时自己也受益匪浅。知识和信息并不会因为告诉了谁而消失，反而会成为双方的思绪整理及知识成长的营养源，因此"教导方与被教导方"的相互作用行为，给双方带来的好处是无可限量的。你要远离那些有消极倾向的同学，多和有上进心的同学交往，积极乐观的人、有强烈进取心的人会激励你也成为那样的人。

绝招七：磨刀不误砍柴工——时间要对照效益。无论学习多么紧张，都不能忽略了健康和休息，睡眠要保证，早餐要吃好（这个很重要，严重地说，早餐甚至决定了一天的收获）。大脑需要大量的葡萄糖，所以你可以准备一些糖（尤其是葡萄糖）随时补充大脑能量。困了累了即使坚持学习，大脑运转也不会特别好，不如好好休息一下，等精力恢复了再学习。能用一小时学到的东西不要用两小时学，关注的是该做的事情，考虑的是单位时间内做到多少。

工具八：60秒内消除紧张和疲劳

方法一：身体站直，两臂尽可能伸直高举过头。然后俯身弯腰放松，不必去碰到脚趾，不要强迫自己下弯。从容、放松地下弯10次，然后再站直伸开两臂。

方法二：下巴顶住胸，慢慢地把头向右转两次。

方法三：把手指放在脖子后面头盖骨的底部，你会感觉到那里有一个凹部，用手指一下一下地轻轻按压，手指一边按压一边向下移动，一直到手所能达到的脊椎骨为止。

方法四：把肩膀向前转动5次，然后向后转动5次。

绝招八：利用记忆规律保持记忆。德国心理学家赫尔曼·艾宾豪斯（Hermann Ebbinghaus）的"记忆遗忘曲线理论"告诉我们：人在学习中

的遗忘是有规律的，遗忘的进程很快，并且先快后慢。学得的知识，大脑过 20 分钟后还能记起全部内容的 58.2%，1 小时后为 44.2%，8 小时 ~ 9 小时后 35.8%，1 天后为 33.7%，31 天后则只剩 21.1%。所以，开始记忆的第一天是"决胜关键"。你诵读的次数越多、时间越长，则记忆保持越久。利用记忆规律，你需要知道：分散学习比集中学习更有效。比如一次背 50 个单词，不如利用片刻空闲一个一个背诵来得有效果；如果你要持续学习，最好将不同学科进行组合，复习一小时后换另一个学科复习，这比单一学科持续复习更有效。

工具九：反刍——5 分钟反刍和睡前反刍

　　将学过的内容快速地在脑中回想一遍，不清楚的地方再确认一下课本、练习题或辅导资料，并将内容在脑海中回想一次。一小时学习的内容只需要 5 分钟的回想时间，但对于保持记忆是非常重要的，所以当你学习了一个小时后，可以停下来用 5 分钟的时间回忆一遍。每天入睡前，回想或再看一遍一天所学的内容，因为睡前没有干扰事件，记忆会存储得更牢靠，所以比起记忆过后直接复习效果更好。

　　绝招九：标准化解题。要养成规范化解题的习惯，研究标准答案，找到得分点，每一步如何来的，为什么这样写，应用定理推论的条件是否完整；平时答题要追求完美，扣准得分点。不要仅仅停留在看和会做上，会做未必会得分，要拿出一些题目练习答题，并且力求完美的标准化解答。

Part

three

糟糕的情绪，到底该拿你怎么办

有人说青春期的孩子容易冲动，难道真的如此吗？坏情绪像一根绳索，一旦你裹缠上了身便难以解开。成长的过程中，出现负面情绪也是正常的，可是不加控制的负面情绪却是可怕的，原本简单的问题也可能变得复杂。情绪化的背后隐藏着你不曾仔细想过的真相，情商将为你打开这扇"门"……

第一章

限制自己发挥的无形魔手——考试焦虑

考试的魔障

很多同学受困于考试，在QQ上我经常看到关于考试焦虑的留言：

"进入高三后，每次考试前的复习我都无法集中精力。一想到考试我就心跳加速，觉得全身的血液都在沸腾，静不下心来。考场上，拿到试卷我头上便直冒冷汗，越想冷静便越心慌，甚至大脑出现一片空白。"

"高考一天天临近了，事先拟订的学习计划完成不了，内心很焦急，老是担心考不好，我总觉得自己的肩头压着一副重担，既抬不起，又放不下，只好弯腰艰难地向前行进，晚上睡觉经常做噩梦。"

"每次考试的时候我都很紧张……简单的题目还好，难的就完了……但是遇到的难题在平时都会做的，怎么办啊？太难的题目我会先吓傻的。"

"上高三后，我的成绩一直不理想，每次考试后，我都很怕回家，不是怕父母的责备，而是怕他们那种关爱和理解的眼神。我的成绩老上不去，父母总是这样安慰我：'不要埋怨自己，尽力就行了，能考多少就多少，能考上什么学校就上什么学校。'父母越这么说，我就越怪自己不争气，越觉得欠父母太多太多，每次考试我都特别担心考不好，我不能再让他们失望了，越是想考好越是紧张，就越怕让他们伤心，好难过。"

你在害怕什么?

"分分分，学生的命根"，一到考试，很多人心里既紧张又兴奋，不管你学习好，还是学习一般，总是对考试有特殊的"情怀"，总逃不出考试的"魔爪"，经常莫名地紧张，一到考场心里就"发毛"。我们不妨做个小小的调查，看看你的情况（见表 3-1）。

表 3-1　考试状况小调查
1. 考前你紧张吗，有什么表现：
2. 你紧张的原因是：
3. 考试的时候你紧张吗，你想些什么：
4. 考试中紧张或胡思乱想的原因：
5. 对于考试，你有什么样的担心，为什么：

说实话，考试都快成了孩子的阴影，我曾在大学做讲座时做过一个调查，问听讲座的学生晚上做梦经常会梦见什么。他们晚上经常梦见自

己在考试！对于考试，每个同学都有自己担心的原因，我总结了一下，大概有以下几种：

担心自己准备不足；

担心考砸了会被同学瞧不起，没面子；

担心考砸了未来前途就没了；

担心考不出好成绩对不起父母和老师；

由于平时成绩不错，自己的目标较高，担心成绩被不如自己的人超过；

有自卑感，想考出好成绩，但信心不足，责备自己，自怨自艾；

平时知识掌握不牢靠，考试时心里没有把握；

…………

心理学上有一个定律叫"耶克斯—多德森定律"，表示动机与工作效率的关系。当一个人做一件事的动机强度处于中等水平时，工作效率最高，一旦动机强度超过了这个水平，对行为反而会产生一定的阻碍作用。譬如学习的动机太强、急于求成，会产生焦虑和紧张，干扰记忆和思维活动的顺利进行，使学习效率降低，考试中的"怯场"现象主要是由动机过强造成的。

我有过这样的经历，晚上一个人走在路上会经常回头，总觉得后边有什么东西。你有过吗？为什么会恐惧呢？人最大的恐惧来自哪里？你想过这个问题吗？在一次讲座中我跟听讲座的同学分享过我的看法：人最大的恐惧来自对未知的恐惧，因为不知道它是什么样子的，内心经常会描绘出各种令自己恐惧的东西，我想怕"鬼"就是如此，我们从没有见过"鬼"，却描绘出了各式各样恐怖的鬼怪，如果鬼怪能定个样子也行，但就是不能，于是你脑海中又会浮现出你最怕的那种恐怖样子。

考试也是如此，谁都害怕考试出问题，万一考不好该咋办，不管你学习如何都经不起这个打击，而这恰恰是"未知"，因为没有发生，我们难以遏制自己往坏的地方想，这太可怕了。考前不是没有事情可做，而是你发现自己还有很多东西没有掌握好，这种状况让你感觉到不安，一旦能做的事情多了，你反而不知道要去做什么。对于这类情况我更建议你做些基础的重点题目，尤其是自己擅长的，人的大脑很简单，不能同时做两件事，你一旦占用了大脑就不会胡思乱想了。

所以，要明白一件事，没有压力一点都不紧张，是不正常的；只要压力适中，紧张程度适中，对考试是有好处的，这有利于保持高度的注意力，从而更好地完成考试。

小心不合理的信念

　　人的想法很奇怪，很多念头出来得莫名其妙，正常状况下是不会产生的，可偏偏在某些情况下产生了。一旦出现了不合理的想法，就容易陷入恶性循环，譬如，越紧张，就越考不好；越考不好，就越害怕考试，在考场上就更紧张，成绩也就越差；而成绩越差，就越容易紧张。

　　正如古人所说，"世上本无事，庸人自扰之"。人们之所以会有很多奇怪的想法，是因为和心态有关。美国成功学学者拿破仑·希尔曾说："人与人之间只有很小的差异，但是这种很小的差异却造成了巨大的差异！很小的差异就是所具备的心态是积极的还是消极的，巨大的差异就是成功和失败。"正是由于这两种心态，才产生了两类人：一种是用消极悲观态度思考问题，凡事都往坏处想的人；另一种是用积极乐观态度思考问题，凡事都往好处想的人。

　　乐观积极的人早上从床上跳起来说："早上好！"悲观消极的人会把被子拉到头上呻吟道："天哪！又到早上了。"我更希望你能拥有积极乐观的心态，面对问题看到的是机会。举个简单的例子，距离高考只剩一个月了，乐观的人会想：还有一个月，我还可以学很多东西；悲观的人会想：只剩一个月了，惨了，我还有很多东西没有学呢，这可怎么办啊！

　　我很喜欢一个谚语，说的是："如果断了一条腿，你就应该感谢上帝不曾折断你两条腿；如果断了两条腿，你就应该感谢上帝不曾折断你的脖子；如果断了脖子，那就没有什么好担忧的了。"考试算什么，紧张又如何，你完全可以修炼这样的神功——"它强任它强，轻风拂山冈；它横任它横，明月照大江！"

然而，正是由于很多同学有消极悲观的心态，才出现了各种各样不合理的想法，不合理的信念。譬如，有的同学对自己提出了过分完美的要求——我的成绩必须要超越所有人，我要门门都考好；有的同学歪曲了考试分数对人的意义——如果考不好就说明我的能力差，我就没有价值了；有的同学是缺乏根据地自我怀疑、自我挫败——只要复习不全面，就会遇到没复习过的题目。他们往往是把事情绝对化、以偏概全或者主观臆测。

很多同学有类似这样的消极自我暗示：

"要是考不好怎么办？"

"考不好多丢人！"

"我真没用，老是考不好！"

"要考试了，这下可惨了！"

我建议你经常做一些积极的自我心理暗示，譬如：

"我能行！"

"我知道我能应付这个考试。"

"记住！放松！慢慢地！小心地做！"

"虽然题目难了一点，但我准备得很充分，难不倒我。"

"太棒了！我又做完一题了！"

"紧张很正常的，没关系，做个深呼吸，放松！"

"现在只管考试，不必担心其他事务。"

"我可以做得到！"

"心想事成"的魔力

　　如果经常把自己想成什么样子，渐渐地，你就越像是什么样子，最终就成为什么样子。如果你一直关注自己不好的方面，你就会搜集各种"不好"的证据来证明自己是不好的；如果你一直关注自己优秀的方面，你就会搜集各种"优秀"的证据来证明自己是优秀的。

　　我们都有过这样的经历，假如你做错了一件事引起了老师和父母的批评，那批评你的理由绝不仅仅是这件事，他们会找出以往和这件事类似的事情一起来批评，因为这样才有说服力。

　　人有一种很神奇的认知模式，我把它称为"蜡烛模式"，也即我们只能看到"蜡烛"照亮的部分，简单说就是，我们看到的是我们愿意看到的世界，是我们自己构建的世界。

　　心理学中有两个定律可以给我们一些借鉴：

　　墨菲定律：越害怕的事情越容易发生。生活中经常发生这样的事：不带伞时，偏偏下雨；带了伞时，偏不下雨！等车时车不来，不等时一辆接一辆！这很无奈，但是确实常在发生。你害怕考试会出这章的题，结果考试就出了；你越是担心考试出问题，结果就真出了。假如你兜里揣着一万元人民币，生怕别人知道也生怕丢失，所以你每隔一段时间就会用手摸兜，看看人民币还在不在，于是你的规律性动作引起了小偷的注意，最终钱被小偷偷走了。即便没有被小偷偷走，那个总被你摸来摸去的兜也可能会被磨破，时间久了钱也会掉的。

越害怕发生的事情就越会发生的原因在于：越害怕越会关注，而过分的关注就带来了这方面的行为；因为害怕发生，所以会非常在意，注意力越集中，就越容易犯错误。

麦克斯韦尔定律：越想得到好的结果就有好的结果。事情总是很奇妙，你只要往好处想，就会得到不一样的结果。麦克斯韦尔定律就是这样一个定律，它告诉你：任何事情都看似很难，实质不难；任何事情都比你预期的更令人满意；任何事情都能办好，而且是在最佳的时刻办好。它给了我们积极的启示：我们可以把一件事情做得比预期的更令人满意，一切问题都是可以解决的，无论是怎样的困难和挑战，我们总能找到一种办法或模式战胜它。

请记住：心想事成的秘密在于你心里想的是什么，假如你想的是积极的事情，就会关注积极的方面，从而得到积极的结果；假如你想的是消极的事情，就会关注消极的方面，从而得到消极的结果。

关键时刻掉链子的原因

有不少同学平时学习成绩很好，可是在关键的大考中却"掉了链子"，如同篮球运动员在决定胜负的罚球上投篮偏离目标，甚至连篮板、球篮、篮网的边都沾不上。被《快公司》誉为"21世纪的彼得·德鲁克"的马尔科姆·格拉德威尔有篇叫《失败的艺术》的文章，他指出人们之所以在关键时刻掉链子，是因为对自己正在做的事情想得太多，从而失去了本能反应。

当你对自然而然的事情思考过多，或者当你漫不经心按照简单或不正确的方式行事时，就会造成思维短路，而思维短路正是你在关键时刻"掉链子"的原因！在压力下你可能发生思维短路，表现为在困难面前表现糟糕，不过思维短路并不是简简单单的表现不佳，而是一种"次优表现"，是你在本该做得很好的情况下却表现得比预期糟糕，甚至比之前的表现糟糕。

我们都想尽可能地成功，但具有讽刺意味的是，正是这种想法让自己有了最糟糕的表现。那么都有哪些因素容易导致思维短路呢？

过强的自我意识。如果你在关键比赛、考试中还要分出精力和注意力来担心所处的境况、事情的结果以及他人对自己的看法，担心会因某次失败而输掉一切，或者怀疑自己是否有能力取得成功，就很容易让思路混乱起来，动作失调，导致表现欠佳。忧虑本身不足以成为考试或比赛失败的原因，但你在忧虑下对细节的过分关注反而会使你栽跟头。试想走路这个每个人都再熟悉不过的动作，如果你什么都不想，按照平时那样走，即使是匆忙中慌慌张张下楼也不会摔跤，但如果让你在慢慢走下楼梯时仔细关注你的膝盖是如何弯曲的，你就将放慢速度来思考这一物理过程，以至于破坏了你走路的节奏、脚步，最终可能在楼梯上摔倒。

当一个人做某件事时，如果在他面前放一面镜子或对他进行录像，那么这个人的自我意识就会增强（更能意识到自己和自己的行为）。如果你的朋友、家人或者支持你的人来到了演出、比赛的现场观看，你增强的自我意识会造成你的混乱，原来的支持就变成了压力，思维短路就发生了。

与平时大相径庭的氛围。由于关键时刻、场合的氛围与平时不同，我们很多人都无法在这种氛围中表现出平时的训练水平、学习成果。譬如，一些运动员会因为重大比赛的现场杂音，而发挥失常，以至于向观众大喊大叫。

负面成见。当你意识到有人对你的能力持负面评价时，你就被迫格外看重特定考试、比赛、演出，希望有上佳表现，并将其作为证明自己乃至自己所属族裔等群体能力的依据。这时，你的自我意识就会增强，你越是在意自己在关键场合的表现，花费一部分心思去承担这种表现的外在意义，就越可能出错。记住：仅仅意识到针对自己的成见存在，就能削弱自己的表现。那些有很强能力且很看重自身能力的人在面对自己能否成功的负面猜测时，是最受伤的。

内心焦虑独白。在做题感到焦虑时，你可能会被很多烦扰的想法纠缠着，例如"别搞砸了""我讨厌数学""我的大脑不擅长分析数学问题""啊！做错了一题"等。置身于压力之下，你越焦虑，表现得就越差劲。

关键时刻超常发挥的秘密

我们在平时还可能不去想负面问题，对负面情绪有所抑制，但面临重大挑战时，问题和情绪也很容易"趁火打劫"、浮上心头，转移我们的精力和注意力，越不去想越会想起，如何才能避免思维短路——关键时刻掉链子，让我们一起学习下边的魔法吧！

魔法一：重新肯定自己的价值。 在大考前，花几分钟写写自己的兴趣和参加过的活动。这种写作可以增强自信心，重新肯定自己，尤其当你对自己的能力不自信时，这样做可以增强你的自信心，增强你的表现力。

魔法二：列出你的特征。 在大考前，花几分钟画个图表，将自己各方面的特征都填写进去。这个方法可以帮助你意识到，一次考试的分数并不能判定你这个人如何，有助于减压。

魔法三：把自己的担忧写下来。 将人的情感用文字表达出来能改变大脑处理困难的机制。当一个人反复审视、描述并倾诉自己的负面体验带来的想法和感受时，这种发泄会减少他们想到这些事的次数。在考试开始前，花 10 分钟写下自己的担忧，这样能削弱在高压环境中你心里的焦虑感和对自己的质疑。

魔法四：在压力下练习。 古语云，熟能生巧，模拟你会在考试中遇到的环境，在这种环境（比如有时间限制，同时又没有任何帮助的环境）中练习可以帮助你在考试当天习惯考场上的一切。还有研究表明，用学习材料测试自己而不是单纯地学习，能帮助你长期记住里面的内容。毕竟你要参加考试，因此最好还是模拟一下。记住：营造大考时要面对的高压氛围，并在这种压力下进行练习是最好的防止思维短路的方法。

魔法五：重新理解你的反应。注意自己可能有的偏见，比如"女生不擅长数学""我们班的数学不好""我的数学向来不好"等，你要做的就是提醒自己这些都是老套的成见，这样做能帮助你在压力下不再担心自己的能力。教人回想有关自己能力的成见会削弱成见的影响力，这看似违反常理，不过为自己的担心找些理由，可以使我们降低对自己的表现与智商关联性。

魔法六：重新审视你的担心。如果你在压力下手心出汗，心跳加速，请记得这些心理反应在你高兴的情况下也会发生。比如遇到了自己喜欢的人，你也会有上述反应。在压力下，如果你能学会从正面（我因为要考试而感到很激动）而非负面（我被考试吓坏了）来解读自己的身体反应，你就能将这些反应转化成对你有利的一面。

魔法七：退一步去寻求最佳解决方案。面对需要大量工作记忆的难题时，先把这些难题暂时放一边，不要去想。这样可以帮助你找到最佳解决方案,这种"酝酿"期能让你将精力从难题中毫无关系的细节上移开，重新想办法或者换一个角度思考，寻找灵机一动的机会，最终使你突破瓶颈，获得成功。

魔法八：换个角度思考——积极的思考角度。从能够凸显你成功可能性的角度思考，而不是去想自己的性别、缺陷或不足等负面的成见，提醒自己有能力做到最好。多想一些积极的方面，多往好的方面想，把精力都集中在自己的优点上，或者把事情往好的结果上考虑，这样有助于你扭转局势，有好的表现。

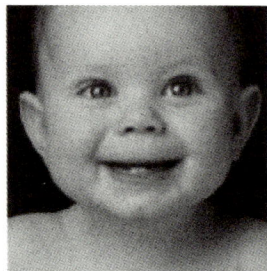

调整考试心态的六大方法

方法一：合理情绪认识法。完成下边的表格（表 3-2），充分认识自己情绪的合理性。

表 3-2　考试状况小调查	
问题提示	你的回答
高考越来越近了，我既兴奋，又紧张，因为……	
备考这段时间有些紧张、烦躁的心情是很正常的，因为……	
虽然在模拟考试中我的成绩不太理想，但是……	
模拟考试中我的成绩不错，我相信……	
昨天已经过去，永不复返，所以……	

方法二：微笑法。很多人不会微笑，告诉你一个练习微笑的窍门。用门牙轻轻地咬住木筷子，把嘴角对准木筷子，两边都要翘起，并观察连接嘴唇两端的线是否与木筷子在同一水平线上，保持这个状态 10 秒。当然，你也可以

不用筷子练习，微笑很简单：把嘴角两端一齐往上提，露出 6 至 8 颗牙齿（这是奥运标准的微笑哦），眼睛也笑一点。微笑时，有点像念字母"E"。

每天见到任何人，都要做这个动作哦，不要害怕别人笑话，在家里也要求你的父母这么做。当然，你可不要搞得皮笑肉不笑，不然会吓死人的。

建议你每天抬头挺胸，面带微笑，也形成自己的招牌动作，可以是胜利的"V"手势，同时高喊：Yes！

方法三：拍手法。当你情绪很压抑，或者有些紧张时，不妨伸出你的左手向上倾斜 45 度，再伸出你的右手向下倾斜 45 度，用你的左手拍打你的右手，同时喊一句：Yes！来三遍。可以用力地拍，加快你的节奏！

方法四：模拟高考法。先说一个试验，有研究人员把水平相似的足球队员分为 3 个小组，告诉第一个小组停止练习射门一个月，第二个小组在一个月之内做到每天下午在足球场上练习射门一个小时，第三个小组在一个月中每天在自己的想象中练习一个小时射门。结果，第一组射门的成功率由 39% 降到了 37%；第二组射门的成功率由 39% 上升到了 41%；第三组射门的成功率由 39% 提高到了 42.5%。

这是一个让不少人意外的结论！在想象中练习射门技术，怎么能够比在足球场中练习射门技术要提高得快呢？很简单，因为在我们的想象中，我们踢出的球都进入了球门！成功者就是这样，他们不断地创造或者模拟着他们想要获得的经历，模拟着成功，仿佛他们就是成功者。结果，他们就成了成功者。

以高考为例，高考时间是每年 6 月的 7 号、8 号两天，你可以在 4 号、5 号、6 号这 3 天模拟高考过程，在大脑里把高考的过程美好地想象 3 次。其实，现在很多学校都在临考前的一个月内模拟这种高考情形，效果也大多不错。

闭上眼睛，现在开始想象：

明天就要开始美好的高考了。带上准考证，带上我那支心爱的钢笔，它总能给我带来好运。清晨起来，伸个美美的懒腰，喝杯牛奶，吃两个鸡蛋，味道太好了。出门走在马路上，一阵风吹过来，沁人心脾。路上的行人只要看我一眼的都祝我高考成功；没有看我的，都在心里为我祈祷成功。走到考场外面，我有点紧张，于是深呼吸3次，走进考场，找到自己的位置坐下。今天的老师一个都不认识，但都很可爱。卷子发下来了。我想起年轻的奥运冠军朱启南说过的一句话："我不可能打满环，但我必须打好每一环。"高考总分是750分，我不可能拿满分，但我能拿到最高分。于是我浏览一遍卷子，先易后难，把简单的题目挑出来立刻答完。碰到太难的题目，就想起一句话："人生要学会放弃。"我果断地把它放弃。答完基础题后，还有时间再去攻克这些太难的题目。

答完卷子我又想起一个伟大的诗人，叫徐志摩。他说过："立刻消失在人群中。"于是我立刻消失。到了家后，我与家人已达成高度默契。我们不需要语言交流，一个眼神就知道什么事情发生了。晚餐端上来，我美美地吃七分饱，不吃油腻食品。吃完后走进书房，想想明天要考的基本内容。想完后我就进入甜蜜的梦乡，梦见高考成功，白雪公主出现。

试着这样，在高考的前3天每天模拟一次，来调整自己的紧张心态。对于初三的同学来说，也可以模拟中考情形，人的大脑是接受心理暗示的，人的想象力对人的行为有巨大的指导作用。

方法五：运动消除法。高三一年是紧张而又富有压力的一年，临近高考时，你的压力值也接近了承受的极限，这个阶段，你的情绪波动比较大。当出现这种情况时，建议你跑到操场或者小区里，跑跑步，或者拿出百米冲刺的劲头冲刺一把，这可以让你把不爽的情绪发泄出来。尽量不要做冲撞比较剧烈的运动，以免受伤，适当的体育锻炼绝对可以提升你的学习效率。

方法六：不是办法的办法。有些同学实在没底，怎么办？好吧，去求个护身符或者找一个能给你带来好运的东西，沾沾福气，你心里觉得舒服就行。

这些准备帮你赢得考试

考试用品的准备：战士上战场要带着兵器，没有兵器的士兵上了战场，就惨了。所以高考时，一定要准备好自己的工具，不能空手上考场。譬如，准考证、文具用品、手表、眼镜，以及去考场的交通考察。交通考察很重要，现在很多家长在孩子高考时租了附近的宾馆给孩子休息；如果没有租，你要提前做好准备，乘坐什么车去考场，要考虑到堵车怎么办。

上边提到了眼镜，不要笑，真有同学高考的时候忘记带眼镜了，结果车行一半又折回去取，差点考试迟到，我想这对他考试的影响是太大了。

注意：一定要在考试尤其高考前的头一天晚上准备好。

考试体能的准备：有不少同学临近考试时，还处于紧绷的状态，复习的强度更大了，作息时间比较混乱。你需要调整自己的作息时间，尽量地调整到中、高考的时间段，保证睡眠和休息，同时，营养上要保证好，我想这点你的父母绝对可以给你保证。不过要注意的是，不要什么都吃，这个阶段父母是什么好让你吃什么，这不一定很科学，弄不好还会让你的消化出问题，建议你适当多吃些富含蛋白质、维生素的食物，如瘦肉、鱼、蛋、牛奶、新鲜蔬菜、水果等，少吃含糖和脂肪高的食物，多吃些五谷杂粮。

注意：饮食方面，不要吃过于新奇或者以往没有吃过的东西，特别要注意卫生，同时还要保证适当的体育锻炼。

考前准备：高考是在夏天进行，中午容易犯困，所以可以适当来些提神的东西，譬如，清凉油、风油精、咖啡、茶、保健型饮料。

注意：对于提神的饮料或保健品要慎重，如果没有使用过最好不要在考前使用，避免在考场上出现问题，你可以提前几天在模拟高考中实验好。还有，注意不要喝太多的水，否则容易跑厕所，影响你的答题。

考试准备：进入考场，进行考试要注意三个事项。

事项一：填好该填的东西，譬如姓名、准考证号；

事项二：采用"圈地法"答题；

事项三：应对怯场或大脑空白现象。先深呼吸让自己放松，停止阅卷、答卷，对自己说些鼓励的话，比如"我相信自己可以考出最好的水平""只要尽力就问心无愧""这次试题很难，大家都一样"，转移自己的注意力。

考后准备：试卷答完后检查好要上交的东西，不要落下；考试结束后，不要跟同学碰面对答案，要立刻消失，只要你不消失，你就会不由自主地做两件事：一是对答案，对那些没有把握的答案；二是听人家对答案，10 分钟不到，你的世界末日就出现了。碰到自己的父母，什么也不要说，微笑，一个眼神就够了，越说你只会越烦躁。

注意：只要成绩没有下来，就不要怀疑你的发挥，每次都要认为是最好的发挥，不要怀疑中间一科是不是出了问题，答完一科，就进入下一科。

第二章

你怎么可以比我优秀？——羡慕嫉妒恨

【对话和博士】

迷失在嫉妒中的青春

　　一个刚升入高中的男孩，上半学期由于同学间尚互不认识，老师指定他暂任班长。半学期后由于与同学关系不和，被撤换班长之职。于是，他就疑心是某同学在老师那里搞鬼，嫉妒他的才干，认为自己受到了排挤和压制。他对自己被撤换一事耿耿于怀，愤愤不平，认为同学与老师这样对他不公平，指责他们，埋怨他们，后来常为此与同学、老师发生冲突，有时还到校长那里告状，并要求恢复他班长之职，否则扬言要上告、要伺机报复。大家都耐心细致地劝他，他总是不等人家把话说完，就急于申辩，始终把大家对他的好言相劝理解为是恶意、敌意。这样无理取闹，与同学、老师的关系日益恶化，到高中毕业时，仍无根本性的变化。

揭开"魔鬼"的外衣

情绪是最难控制的，处于青春期情绪本来就容易波动，每个同学内心都有属于自己的"魔鬼"——嫉妒。

嫉妒其实就是大家经常谈论的"红眼病"、吃醋、吃不到葡萄说葡萄酸。《心理学大辞典》中对嫉妒的定义为"嫉妒是与他人比较，发现自己在才能、名誉、地位或境遇等方面不如别人而产生的一种由羞愧、愤怒、怨恨等组成的复杂的情绪状态"。它不仅仅是发现自己不如别人，也有来源于争强好胜的欲望。它是一种既不能正确评价自己，又不能正确评价他人的不良心理品质；是一种比较复杂的心理。它包括焦虑、恐惧、悲哀、猜疑、羞耻、自疚、消沉、憎恶、敌意、怨恨、报复等不愉快的情绪。别人天生的身材、容貌和逐日显出来的聪明才智，可以成为嫉妒的对象；其他如荣誉、地位、成就、财产、威望等有关社会评价的各种因素，也都容易成为嫉妒的对象。

在中小学阶段，有很多同学存在嫉妒心理，你能发现被嫉妒的东西真的很多，我们一起看看嫉妒这个"魔鬼"有哪些外衣。

嫉妒同学的学习成绩。这是最常见的，学习成绩差些的学生会嫉妒学习成绩较好的，学习成绩较好的学生之间也可能产生嫉妒心理，最致命的是学习成绩差的学生还会嫉妒和自己成绩相当的同学，见不得别人比他进步。这样的例子屡见不鲜：成绩不好的同学，不去积极地寻找解决办法，却拉拢一帮人孤立成绩比自己好的同学，在课堂教学中，故意"接下茬"（即常说的"乱插嘴""搭下巴"，主要是指上课的时候，不举手或未被老师提名就擅自发言的一种行为或者说是现象），哗众取宠，博得浅薄的笑声，干扰正常的课堂教学秩序，或在自己嫉怨的对象回答问题出错时起哄嘲笑；成绩好的同学间相互不借给对方自己的资料，怕"肥水流到外人田"，损害自己的利益。

嫉妒同学的各种荣誉。很多学校都存在这样的同学，他们的学习成绩很好，却不关注德育和体育。他们看到那些虽然成绩不如自己，但在德、智、体三方面综合发展较好的同学当选为班干部、获得"三好学生"等荣誉时，心里就感到很不平衡，极度失落，甚至有些同学还造谣中伤别人。有些同学见不得别人进步，虽然自己已取得某些成绩、获得一些荣誉，却总担心别的同学会超过自己，他们总是打探别人用的参考书、上的补习班、复习的情况，却严密封锁有关自己的一切学习信息。我在很多学校了解到，由于高考的重压，很多同学还玩起了"暗战"：会做的题目，也假装不会；自己每晚熬夜到次日凌晨，却在众同学面前标榜自己"学得轻松"；一听某人要报考和自己相同的学校，就假扮说客，极力劝说同学放弃报考，目的就是为了让自己的竞争优势变大……这些同学嫉妒又不愿意分享，不但交不了朋友，还失去了和同伴共同进步的机会，自以为获得了好处，实际上失去了未来竞争的资本——协作。

嫉妒同学的相貌、衣着。现在由于多数孩子在家都是独苗，加上生活条件也日益变好，很多同学开始了攀比，譬如小学生比谁的书、笔、书包、衣服好看，是不是名牌；中学生会攀比相貌、衣着、手机、鞋等，有的甚至还攀比家里的汽车、父母的职位。盲目的攀比可能使自己的内心受挫，更会导致同学之间的不团结，出现相互讥讽、怨恨甚至造谣、恶意中伤的现象。

嫉妒同学的人缘好。学校里总有这样的同学，他们性格开朗，热情大方，兴趣广泛，人缘比较好，爱交朋友，交际能力比较强，他们经常会成为同学中的焦点。那些性格内向又无力改变现状的同学会对他们心怀隔阂，并可能把各种不如意归咎于此。现在有很多学习成绩不错的同学，他们的人缘却非常不好，自己觉得成绩好就厉害，不愿意跟别的同学打交道，甚至看不起别的同学，更要命的是自己却又嫉妒那些人缘好的同学，还真是痛苦啊。

对情感占有的嫉妒。这种嫉妒主要表现在对两人之间关系的一种独占，从而对加入两人之间的第三者产生怨恨、不满的嫉妒心理。在学校里经常发生这样的事情，两个非常要好的朋友，可是最近一个人发现这个朋友又和其他人走得很近，他／她就很不爽，内心会产生一种不希望好朋友接近别人的想法，甚至采取各种行为阻止好朋友与别人交往。

"嫉妒是一个绿眼的妖魔，谁做了它的牺牲品，就要受它的玩弄。"你会怎么看待这个"魔鬼"，你有嫉妒的现象吗？

我们做一个心理测试吧，看看你是否有嫉妒心。

测试一：

有一天，你和你的同学相约去公园，天公不作美，突然下起雨来，雷电交加。如果一棵树被雷电击中了，你认为被击中的树处于什么地方？

A. 茂密的森林中。B. 池塘边。C. 长着稀落枯木的山丘上。

测试二：

很久很久以前，狮子还不是森林之王，每年的森林之王是在竞选中产生。狮子虽然实力强大，但这一年，却被老虎抢走了王冠。看着群兽簇拥老虎扬长而去，狮子会怎么想呢？

A. 老虎根本就不如我，它肯定是做了手脚才取胜的！

B. 这口气一定要出，看我明年怎么赢他个天翻地覆！

C. 我凭实力始终是森林之王，这次何必与老虎计较！

测试一的结果分析：

选择 A：击中森林中的一棵树，这时火苗可能蹿向其他树木。选择这个答案的人一旦嫉妒心起，就容易钻牛角尖。最好先调查清楚事实之后，再爆发你的怒气。

选择 B：池塘里有与表示怒气的雷电性质相反的水。选择此答案的人，其嫉妒心不易膨胀。当这种人嫉妒时，会承认自己的失败，是自身的力量不足，而经过一段时间反省之后，相信自己可以学会将嫉妒化为提升自我的动力。

选择 C：选择这个答案的人容易将嫉妒转为憎恨，而对对方产生敌意，在不知不觉中憎恨愈来愈深，到最后只想向对方报复。如果你是这样的人，有必要改变自己，提升自我，以使对方刮目相看，将怒气化为正面的力量。

测试二的结果分析：

选择 A：你的嫉妒心非常重，虽然表面很自信，但内心未必这样。你时常会在受到挫折时怀疑自己的能力，而且无法控制自己强烈的嫉妒情绪。

选择 B：你有中等程度的嫉妒心。你的性格比较倔强，有点争强好胜，同时对自己的能力非常自信，通常经过努力你的目标都会达到。

选择 C：你是一只超脱的狮子，你也是一只自信的狮子。你的自信防止嫉妒的存在。即使犯错误，也不会削减你的自信，因为你对自己非常了解。

很多同学或多或少的都有一些嫉妒心理，只是表现出来的轻重程度有所不同，嫉妒心理有它发展的过程和表现程度。一般来说，我们常常是由"慕"生"怨"，再由"怨"生"恨"，所以，这个"魔鬼"常常有三个阶段。

嫉慕：人都有向往美好的一面，面对他人的成功或成就我们很容易产生羡慕之情，这是人之常情，可是在自己内心产生的往往是自我羞愧、心里很不是滋味，常常有"酸溜溜"的感觉。譬如，在言谈话语中流露出对某某同学的佩服、欣赏；集体文娱活动时，羡慕别人能歌善舞，讨厌自己五音不全，因而逃避班集体的活动等。嫉慕会产生两种可能性：积极的可能性和消极的可能性。积极的可能性是，善于理性思考和自我调节的学生会很快转化注意力，把嫉慕变为自己前进的动力，把别人的成功和优点变为自己努力的方向和学习的榜样，"临渊羡鱼，不如退而结网"，走向成功的彼岸。消极的可能性是，自我调节能力差的学生会死钻牛角尖，认为别人的成功阻碍了自己风采的展示，怀恨在心，采取敌对手段对他人或集体造成伤害，它是嫉妒心理的第一步。

嫉怨：不能正视自己的失败和别人的成功，满怀怨气，觉得是别人的存在让自己不成功，是别人威胁到自己了，有"既生瑜何生亮"的心态，于是采取冷淡对方、疏远对方的做法，希望看到别人的失败，并感到幸灾乐祸。产生嫉怨的同学往往会对被嫉怨的对象进行挑衅，或散布对其不利的言论，严重者还会进行人身攻击或诬陷、诽谤，使被嫉怨的同学感到压力或痛苦，而他们自己则以此求得心理平衡和满足，或达到一定的目的。学校里常有这样的现象，一旦某个学生经常受到老师的表扬或者获得荣誉，接下去就会有很多闲言碎语或直接的人身攻击出现。

嫉恨：由于嫉妒心极度膨胀而采取报复性的侵害嫉妒对象的变态行为。表现为两种形式：一种为"虐他"，一种为"自虐"。"虐他"是对嫉妒的对象采取造谣、诽谤、诬陷等方式来达到破坏性的目的。"自虐"指因痛恨自己的无能和不争气，自己虐待自己。如每次考试未达到自己定的超过某同学的目标，就处罚性地体罚自己；成绩考得不及嫉妒对象，就处罚自己每天复习到深夜 12 点，弄得身心疲惫，学习效率低下。"自虐"过头会造成精神压力加重，心理失衡，导致精神抑郁、神经错乱。

为什么会嫉妒？

很多同学都存在嫉妒心理，它并非天生就有，而是在后天一定的条件下逐步形成的。现在的你正处于自我认定的青春期，在这个时期你开始发现自己的内心世界，喜欢同周围人进行比较，开始注意对自己的评价和对别人的评价，你的自尊心也明显增强。但由于身心发展的不成熟，容易犯这样的毛病：自我评价过高，自尊心过强。而这种唯我独尊、追求虚荣的心理很容易与尊重别人的心理产生冲突。平时当两个人差不多时，这种心理冲突尚不明显，而随着时间的推移，当他人有了长足的进步时，这种唯我独尊的心理就会急剧膨胀，与尊重别人的心理形成尖锐冲突，嫉妒心理自然也就产生了。

在地位相当、年龄相仿、程度相同的人之间最可能发生嫉妒，因为相似者容易比较。

前文我谈过自卑，谁都有自卑的一面，然而，过度的自卑却又会产生各种悲剧。自卑和嫉妒好比一对孪生兄弟，因为觉得比不上他人，所以产生自卑，可又不愿意承认别人比自己好，嫉妒心理由此就产生了。自卑的人往往更容易产生嫉妒，因为他总是在否定自己，怀疑自己不如别人。

莫让心魔缠绕你，可是你又很难摆脱，什么样的学生更容易嫉妒别人呢？研究表明，下面几种类型的学生更容易产生嫉妒心理：

虚荣心强的学生。他们爱表现自己，过分关心别人对自己的评价。

当别人取代自己的位置成为大家关注的中心时，就会产生嫉妒心理。

独占欲很强的学生。他们恨不得将所有的好事（荣誉、成绩、表扬等）都揽在自己身上，一旦别的同学得到了自己没有得到，内心就不舒服。

耽于幻想的学生。当他们发现别人比自己强时，不是努力去赶上别人，而是在想象中安慰自己。当现实无情地击破他们的幻想时，便会产生嫉妒心理。

幼稚、不成熟的学生。他们虽然已进入了中学，但"心理年龄"仍处于"儿童期"，不能全面地看问题，经常走极端，又不能从失败中吸取教训。当他们的愿望不能实现时，就会产生嫉妒心理。

别人的优秀不妨碍你的成功

嫉妒是可怕的，它会让人心胸狭窄、目光短浅；更要命的是，长期处于嫉妒的心境中，会在内心深处产生一种压抑感，给自己造成莫大的痛苦，正如法国大文豪巴尔扎克说的那样："嫉妒者比任何不幸的人更为痛苦，因为别人的幸福和他自己的不幸，都将使他痛苦万分。"处于嫉妒中的同学，会中伤别人，损害别人的自尊心，打击别人的进步，其他同学没法与其相处，很难得到真诚。

经常嫉妒别人的学生，会把大好的时光都花在对别人优势的贬低上，将自己的苦恼系在别人的进步上，结果将自己原有的灵气也赔掉了，换回的只是无穷的烦恼和痛苦。意大利著名诗人但丁说得好：嫉妒只会拉动风箱，煽起你的叹息！

我们经常活在别人的世界，而忽略了自己的感受，很多同学拿自己的短处比别人的长处，过分放大别人而忽略了自己。我希望大家能够想想自己，你的立场是什么，你得找到自己坚持的东西。最重要的是自己的成长，与优秀的人在一起更容易让你进步，看到别人的好，不是让自己黯然，而是找到进步的动力，因为你身边有如此优秀可以学习的对象哦。

人的情绪是最复杂的，可以是动力，也可以是阻力。情商中，如何管理自己的情绪是很重要的一部分，在众多情绪中，嫉妒是把双刃剑，而更多的时候是伤了自己。

我们都想变成最好的那个，但是从来没有最好，一切的努力都只是为了让自己变得更好。在成长的路上，你也会遇到一个又一个优秀的人，面对这些优秀的人，我们羡慕他们的同时，也会产生些许嫉妒心理，面对别人的优秀，我们看到了自己的不足，有的人开始自卑，有的人看到了机会——从别人身上学习更优秀东西的机会。

每个人都有自己的优势，上天总是很公平的，有人没有双臂，却有了灵活的双脚；有人没有看到光明的眼睛，却有了更加灵敏的耳朵。你总有属于自己的东西，那是别人怎么都比不上的。所以，最重要的是要认识你自己。

别人的优秀不妨碍你的成功，从另一个角度来说别人的优秀会促进你的成功。

在你看来的优秀，
在不久的将来，
你自己也会具备。

处理"羡慕嫉妒恨"的八大魔法

别人的优秀不妨碍你的成功，可我们还是难免会有"羡慕嫉妒恨"的情绪，但重要的是要努力调整，避免让自己走入魔鬼的圈套，为此我们需要了解八大魔法。

魔法一：认识真实的自己。 不要过于自卑，也不要过于自傲，你总有自己的优点，也有自己的不足。

魔法二：不要在攀比中迷失自己。 俗话说，"金无足赤，人无完人"，你要知道在各个方面都超越别人是不可能的，由于各种条件的限制，不可能万事都如意，一切都顺利。你固然希望自己各个方面都优秀，但也要给自己适当的定位，你不可能永远是第一。俗话说，"人比人，气死人"，要一个人不去对比是不现实的，关键是比什么、怎么比。拿自己和别人比，找到自己与别人的差距，这是你进步的机会；拿自己的现在与过去比，看自己是否有了进步，在哪些地方还存在不足。不要比你穿的是否是名牌，你家里的车是否是名车，要比的是你的目标有多大，你的努力有多大，你的进步有多大。不要让自己迷失在盲目的攀比中，更不要为了挣个面子，拿着父母的血汗钱攀来比去。人可以穷，但志不能短，也许现在你在物质上不富有，但是将来谁能保证？作为学生盲目地拿不属于自己的东西去攀比有什么意义，那些东西只能证明你的家人是个成功者，可你并不一定是，所以要比就比未来！

魔法三：正确看待竞争。 竞争不是一件坏事，它可以促使你进步，但关键是你要如何看待竞争，人类存在一天竞争就会存在一天，甚至没有了人类也还会有竞争。可是很多同学"输不起"，竞争处于下风后，没有一点风度，甚至还暗中搞破坏。不服气，不甘拜下风，不一定是坏事，有一点嫉妒心理也正常，然而，不正常的是不能接受事实，不能正视自己的"落败"。暂时落败意味着还有很多东西要学习，进步的机会来了，可是获胜者也要注意自己的风度，不要讥笑嘲讽落后者。

我更愿意你能把强手视为对手，见贤思齐，正确评估自己的优缺点，把嫉妒心理变成一种行为的驱动力，来推动自己产生更大的进取心。有位心理学家说过："打消嫉妒的理想方法，是靠自己的努力去取得对手以上的地位。"那种靠损害别人利益而抬高自己的行为是不道德的。

魔法四：懂得自我反省。嫉妒心理的产生往往是由于误解所引起的，即人家取得了成就，就误以为是对自己的否定。其实，一个人的成功不仅要靠自己的努力，更要靠别人的帮助，荣誉是他的也是大家的，给予他赞美、荣誉，并没有损害你。在未来社会协同工作是至关重要的，别人的优秀恰是你学习的机会，与优秀的人在一起，你才更容易变得优秀，有句话你要记得：优秀是一种习惯。

魔法五：学会自我安慰。我们学过一篇课文叫《阿Q正传》，里边的阿Q有一种精神安慰法——阿Q精神胜利法，在现实的学习和生活中，乃至未来的工作中，我们会遇到各种各样的困难，甚至还会饱受委屈，一味地在内心压抑反而不好，有时候我们应该学习自我安慰，学会用平静客观的态度审视事态的发展，既不可因有一技之长而狂妄自大，也不可因他人胜过自己而滋生妒心。对于别人的成绩、长处要心存赞许，不要总想着贬低比自己强的人。要想到别人的成功大多是靠自己的努力得来的，自己要取得那样的成功，也必须付出艰辛的劳动。蓄意贬损别人，只能败坏自己的心情和声誉，于己于人毫无益处。对手不是仇人，嫉妒不是要强，学会欣赏他人的成功，分享他人的快乐。

魔法六：让自己忙碌起来。培根曾经说过："嫉妒是一种四处流落的情绪，能享有它的只能是闲人，每一个埋头沉入自己事业的人，是没有工夫去嫉妒别人的。"你应该给自己树立一个远大的目标，然后将目标分解，化成一个个小目标分阶段去实现，一个人要想变得优秀、变得成功，要学的东西有很多，并不能因为自己还是学生就可以不学习，在这个阶段你也有很多东西要学习，尽量不要让自己"闲"下来。当然，很多同学现在是时间上很忙碌，可是自己的内心并不忙碌，因为不能专注到自己的学习和要努力的事情上，学习不是心甘情愿的，所以常常"走神"。思想上的走神，需要你通过寻找自己最渴望的东西来填补，为最渴望的东西而努力。

魔法七：利用好嫉妒的积极力量。

曾有这样一个故事：

在洛杉矶，一位美国人开车带一个客人去看富人区。美国人最爱陪客人看富人区，好似观光。客人问他："你们看到富人们住在这么漂亮的房子里，会不会嫉妒？"

美国朋友惊讶地看着客人，说："嫉妒？为什么？他能住在这里，说明他遇上了一个好机会。如果将来我也遇到好机会，我会比他做得还好！"

这便是标准的"老美"式的回答，他们很看重机会。

后来在日本，一位日本朋友也陪这位客人去看一处富人区。这位客人又用上次那个问题问日本朋友："你们看到富人区这么漂亮的房子，会嫉妒吗？"

这个日本朋友稍稍想了想，摇摇头说："不会的。"继而他解释道："如果我见到别人比自己强，通常会主动接近那个人，和他交朋友，向他学习，把他的长处学到手，再设法超过他。"

再来看一个事例：

有两个年轻人，在大学还没毕业时都是班级的优生，但到了工作岗位，其中一个在很短的时间内便做出了比较显著的成绩。另一个便在心里生出一种说不上来的滋味，于是在别人赞扬老同学的时候，有意无意地说一些对方这也不行、那也不好的话。有一次，他在说老同学不是的时候，一个长者严肃地对他说："年轻人，要努力赶上人家才对，怎么能嫉妒人家呢？你和他一样，都是年轻人，他能做到的，你为什么不能超过他呢？"长者的话，如醍醐灌顶。于是，年轻人发奋了，他从心里鼓足了劲，决心要赶上并超过他的老同学。经过一段时间的努力，他也在工作中取得了很大的成绩。

嫉妒可以毁灭一个人同样也可以造就一个人，积极的人视不满为上进的车轮，载着他们驰向更高更远的目标。不想当将军的士兵不是好士兵，谁都希望自己拥有超出一般人的能力、地位、财富，见贤思齐，看到优秀的人才，去虚心学习，争取追上并超过他，这是一种良性的不满，它会促使你进步，同时也推动着社会进步。

所以，积极地看待嫉妒吧，当自己遇到不满嫉妒时，采取积极的行动，激励自己，因为这是你进步的机会，抓住它！

魔法八：遭人嫉妒，不要庸人自扰。人难免嫉妒别人，同时，又难免遭人嫉妒。之所以遭人嫉妒，一定是你在某方面具备了优势，胜过了某些同学，或者具备了威胁某些同学的实力。当你处于被嫉妒状态时，应该如何对待呢？

反躬自问。对于别人的嫉妒，一方面是客观对待，不庸人自扰；另一方面是善意对待，从冷嘲热讽中发现和汲取对自己有用的东西。此时不妨冷静思考一下，这些风言风语是怎么引起的，说得对不对；有些逆耳的挖苦，也可能会说到自己的短处，有时比和颜悦色的批评更一针见血，击中要害；即使是完全没有根据的风言风语，也不必生气，不妨引以为戒，作为自勉和鞭策。

确立自信。俗话说："身正不怕影子斜，脚正不怕鞋子歪。"要相信自己的所作所为是正大光明的，就不会被别人的嫉妒所吓住。否则，自信不足，心存疑虑，庸人自扰，势必忧心忡忡，似乎外界的风言风语都该承受。

豁达大度。要想解脱被人嫉妒的苦恼，最根本的是：自己的胸襟要宽，气量要大，不去计较别人的一言一语，仍旧保持坦诚的态度与人相处，即使是嫉妒自己的人，也不必疏远，渐渐地，别人对你的嫉妒也就随之瓦解，闲言碎语也不再有市场，因为大家都了解你是什么人，歪曲的、不实事求是的言论自然站不住脚。

你应该懂得自己所取得的成绩与别人的帮助是分不开的，在取得成功和荣誉时，不要冷落了大家，更不要居功自傲，因为这的确容易招来他人的嫉妒。相反，假如你真诚地感激大家，与大家一同分享荣誉，虚怀若谷，就会得到众人的拥护、支持，而不至于招来嫉妒了。

Part

four

明知不对，可为什么总是管不住自己

总有些事情你并不想做，或者说你并不想变成这样，但你发现实在控制不了自己的行为，比如做事拖拉、逆反、玩游戏、看小说……要如何应对这些行为？也许，有人告诉你克服这些问题很难，甚至有人认为这是成长中必然的事情，其实，答案不是你想象的那样。

事到临头才想起，你还有多少时间？——拖拉

深陷拖拉的泥潭，我该怎么办？

"我很矛盾，昨天我告诉自己要6：30起床，可是到了第二天，闹钟响了，头似乎还有些晕，被窝很暖和，自己不想起床，可是说好要起来的，那好吧，我数数吧，数10下就起床，数完10下，我觉得还有时间，于是又数了20下……终于起床了，可是已经是6：40了，我磨蹭掉了10分钟，老妈在旁边一直催我。我也想起来，可是……"

"每天吃完饭写作业时，我总是会拿出这本书看看，拿出那本书看看，东摸摸、西摸摸的，有时还进进出出，一会儿上厕所，一会儿拿点喝的。打开课本要写作业了，也会把书翻翻，总是翻了其他的再看要复习的。很多时间就被我这样浪费了，无语啊，我怎么克制自己啊？"

"每次放假我都告诉自己先写完作业，一开始还可以，写了两天发现假期那么长，按部就班来吧。可是每天的变动总是很多，于是，作业总会被留到最后才做，总觉得还有时间，你知道大多数学生都是这样，快开学的时候再抓紧时间写作业。"

"我很烦，在家妈妈老说我，吃饭说我拖拉，穿衣服说我拖拉，洗澡说我拖拉，我不就是慢些吗，我承认我是有一点点的磨蹭，可是为什么会这样呢？"

我们生活在拖拉的世界中

　　很多同学都曾有过美好的设想，尤其是自己受到激励的时候，那真是热血冲冠，恨不得马上大干一场，于是，一个个的计划浮现在脑海。好的开头是成功的一半，很多人都知道，可做了两天之后，总会比计划慢半拍——因为实现目标需要一个过程，需要时间，现在似乎时间很充裕。

　　就像很多人经常挂在嘴边的话："过一会儿……再过一会儿……再过一会儿……"我们总会计划很多东西，可是计划却总是被拖延。我相信大多数同学曾经在学习、生活中不止一次地告诉自己"我马上就做"，可是"马上"重复了很多次；"我明天再做它"，可是"明天"有很多；"我还有时间"，嗯，是的，只要还没到期限时间，总还有时间，可是，快到期限时，又很痛苦——没办法，有些事情总是要完成的。

　　你是否喜欢把事情拖到最后一刻才做？也曾因此受挫而暗下决心不再这样，可在下一个任务来临前，又会习惯性地一拖再拖？当你在玩游戏的时候，你告诉自己我再玩一分钟，可是一分钟一分钟地过去了，你还在玩儿；当你看小说的时候，你告诉自己再看一章，看完就不看了，可是一章接着一章，你还在看……为什么在学习的时候，没听你说，让我再学一个小时吧，让我再做一道题吧，好像你总有很多理由可以逃避这些。

　　这就是真实的世界，很多同学喜欢把事情拖到最后一分钟，不管要做的事是简单还是困难。如果事情简单，很容易完成，他就会将这件事拖下去，直到最后期限——反正可以做完，按时完成就行；如果对要做的事情没有把握，感觉困难，甚至有些恐惧，那更是迟迟不肯行动了。

我们总觉得时间还够，还可以把握，一些事情总要拖到万不得已的时候才做，却不知有些东西一旦错过了就再没有了。在我念小学时，有这样一篇课文——《寒号鸟的故事》。

在古老的原始森林，阳光明媚，鸟儿欢快地歌唱，辛勤地劳动。其中有一只寒号鸟，有着一身漂亮的羽毛和嘹亮的歌喉。它到处卖弄自己的羽毛和嗓子，看到别人辛勤劳动，反而嘲笑不已，好心的鸟儿提醒它说："快垒个窝吧！不然冬天来了怎么过呢？"

寒号鸟轻蔑地说："冬天还早呢，着什么急！趁着今天大好时光，尽情地玩吧！"就这样，日复一日，冬天眨眼就到了。鸟儿们晚上躲在自己暖和的窝里安乐地休息，而寒号鸟却在寒风里，冻得发抖，用美丽的歌喉悔恨过去，哀叫未来："哆嗦嗦，哆嗦嗦，寒风冻死我，明天就垒窝。"

第二天，太阳出来了，万物苏醒了。沐浴在阳光中，寒号鸟好不得意，完全忘记了昨天的痛苦，又快乐地歌唱起来。

鸟儿劝他："快垒个窝吧，不然晚上又要发抖了。"

寒号鸟嘲笑地说："不会享受的家伙。"

晚上又来临了，寒号鸟又重复着昨天晚上一样的故事。就这样重复了几个晚上，大雪突然降临，鸟儿们奇怪寒号鸟怎么不发出叫声了呢？

太阳一出来，大家寻找一看，寒号鸟早已被冻死了。

你听说过太多"今日事今日毕"的道理，然而"做一天和尚撞一天钟""能拖一天是一天"的状态才更接近现实。故事中寒号鸟的悲剧发生在很多同学身上，只是没有它那么惨而已。我们不妨做个测试看看你是否有拖拉的习惯。

对下列各题作出"是"或"否"的如实回答：

1. 由于不高兴或情绪不佳，你常常耽搁了某些事情。（　　）

2. 有时，你之所以放弃一些工作是因为它们比你预计的要更为麻烦和困难。（　　）

3. 有时你因害怕失败而做事拖拉。（　　）

4. 如果没有十分的把握，你就不愿去开始做某项事情。（　　）

5. 你常常感到自己没有完成过什么有价值的事，因为你对自己太爱吹毛求疵。（　　）

6. 每当你拖拉的时候，你不感到内疚。（　　）

7. 由于对他人感到厌烦，你有时会耽搁某些本该做的事情。（　　）

8. 你常很勉强地去做一些你实际上并不想做的事情。（　　）

9. 你有时因为觉得别人对你太霸道、太过分，而把一些事情耽搁下来。（　　）

10. 你常觉得自己好像有许多事情要做，但你就是提不起兴致来，你不知道该从哪件事做起。（　　）

11. 在做某事时，你常说："我现在不想做，等到我心情舒畅以后再去做。"（　　）

12. 你下了无数次决心要去干好某一件事，可就是坚持不下去。（　　）

13. 只要一碰到挫折，你就会放弃正在努力去实现的愿望。（　　）

14. 你常觉得凡事都应十全十美才应该去做。（　　）

15. 你常说你该干某事了，可就是没有行动。（　　）

16. 你是否一边吃饭一边看电视。（　　）

17. 你常会中断正在做的事而去同别人聊天。（　　）

18. 你习惯于上厕所时看小说或杂志。（　　）

19. 你经常上课迟到。（   ）

20. 你习惯于赖床不起。（   ）

21. 你常不能长时间坚持自己正确的意见。（   ）

22. 你常感到浑身无力、疲惫。（   ）

23. 你常常许诺帮别人的忙，但总是不能如愿。（   ）

24. 你常觉得睡眠不够，而找时间补觉。（   ）

25. 你经常拖延交作业。（   ）

26. 你不喜欢思考，认为有现成的方法解决问题最好。（   ）

27. 在练习长跑时，你常不能坚持跑到终点。（   ）

28. 你给自己订的学习计划常不能如期完成。（   ）

29. 你常要在别人的督促下才能完成任务。（   ）

30. 每次外出时，你常让别人等你。（   ）

评分规则：

每题回答"是"记1分，回答"否"记0分。各题得分相加，统计总分。

测评结果：

0～9分：你不是一个办事很拖拉的人，只要平时对自己严格要求。记住：今日事要今日毕。

10～20分：你办事比较拖拉，这对你的学习不利。建议你改正，否则大量的时间将从你的指缝间溜走。

21～30分：你是一个办事很拖拉的人，这对你的学习和身体极其不利。你如不改变这种状况，会让自己处于一种松散、无节奏的生活状态之中，抑郁会光临你，对你的心理损害不小。想要有所建树的话，你必须改掉拖拉的毛病。

为何做事会拖拉？

每个人都知道拖拉不好，为什么还是管不住自己呢？让我们来分析拖延背后的原因。

太多分散注意力的东西。很多同学的书桌上放着各种学科的复习资料，本来你要复习数学的，可一看到英语资料，顺手拿起来翻了翻；翻完后，就开始复习数学，复习了一会儿又被一本物理资料吸引了，拿起来又看了看物理。很多同学有过这种经历，完全没有什么计划和想法，只是下意识去做。的确，没有浪费时间，确实都在学习，可是最主要的事情却被影响了，结果你的效率很低。

缺乏自信而犹豫不决。你有过这样的经历吗，你很想做一件事，可是又在怀疑自己能不能做好，有没有那个能力。你很犹豫，不知道该如何做，而时间就在你犹豫当中一点点地流逝，正当你下定决心要做的时候，情况可能又发生了变化，甚至原来的机会已经没了。

完美主义倾向。很多同学觉得应该"三思而后行"，要把所做的事情想得面面俱到，觉得不会出问题了才动手去做，可事实上并没有那么完美的思考，总会有些事情超乎你的想象。努力把事情做到最好是人的天性，但是有时候沿着这条思路你会反应过度，变成了完美主义者。如果一开始你就想着要把事情做得完美无缺，你需要做很多的工作，那将导致很大的压力，于是就形成了拖拉。因为你的大脑很快就能把这些任务和这些压力联系到一起，结果产生了抵触的意识，常见的结果就是推迟延期。

没有完美的人和事物，认识到这一点很重要。正是因为不完美才让我们周围这个世界变得如此美丽，如此各具特色。你可能会试图写一篇最完美最有价值的文章，但你永远不会成功，因为什么事情都有可以再改进的空间。你要明白，今天完成的不完美的工作远优于无限期拖延的完美的工作。

害怕承担责任。有些同学很担心自己做不好后被人批评，于是，就想等别人跟他们一起做，至少出了事情也有个"伴"。他们害怕当"出头鸟"，不敢当第一个"吃螃蟹"的人，因为他们害怕承担责任，接受不了自己失败或者被批评的结果。

因恐惧而害怕改变。每个人都有自己未知的领域，当在自己熟悉的领域习惯之后，他们往往不愿意做出改变，譬如，你上学的路有好几条，但通常你只会选择一条走，其他的几条基本不会走。当事情脱离了你的认知，你会因为对未知的恐惧，而犹豫不前，不愿意做出改变。

没有目标。有些同学，并非没事情做，他们时时刻刻都有事情做，可就是不知道在做什么，他们总觉得自己很忙，可是却没有收到什么成效。因为他们没有明确的目标，东做做，西做做，结果最主要的事情没有做好，次要的事情也可能没有做好。

不可救药的"自信"。你要做的作业不难，你要做的事情也不困难，按照你的估计你仅需要更少的时间就可以完成，假如你有 10 天时间去完成，当你觉得只用 3 天可以做好时，你经常放到最后 3 天才做，可结果往往是出现意外的事情。也许你也能完成，但是完成的质量就很难保证了，更要命的是，这 3 天你会很累。说实话，这不是你自信的表现，我更觉得你是在偷懒，你没有对要做的事情负责任。

糟糕的时间管理。这是绝大多数同学存在的问题，你有很多事情要做，哪些事情是重要的，哪些时间是你最好安排的，你完全把握不好，结果整个人处于"茫盲忙"的状态，这个小故事，会让你有启发。

第一家公司：

老板：小张今天工作忙不忙？

小张：不忙。（天真的表情）

下班时老板对小张说：你明天不用来了。

小张：为什么？（惊讶的表情）

老板：因为你不会找事做，所以才会不忙，公司要你何用。——茫

第二家公司：

老板：小张今天工作忙不忙？

小张：很忙。

下班时老板对小张说：你明天不用来了。

小张：为什么？（天哪！我又做错什么了？）

老板：因为你做事没有系统，才会整天忙，公司要你何用。——盲

第三家公司：

老板：小张今天工作忙不忙？

小张：刚忙完，正在做别的。

下班时老板对小张说：你明天不用来了。

小张：为什么？（眼角终于掉下一滴年轻人的眼泪。）

老板：因为你做事没有效率，有些事不会一起做吗，公司要你何用？——忙

无可救药的懒惰。有不少同学觉得自己拖拉是因为自己懒惰，甚至你的父母也常这么说你，其实，你的拖拉让你逐渐有了惰性，而你的惰性又让你不断地拖拉。这是一个怪圈，用懒惰作为借口，是最糟糕的，

因为所有的责任全推出去了，就如同一个人这么告诉你："我就这样了，你能把我怎么着！"

你可以为拖拉（拖延）找到各种原因，也可以拿任何事情作为借口，但可以肯定的是，拖拉不能使事情自动解决，反而会因此产生压抑、自责、后悔、自尊心下降等负面的感受。

你的时间哪儿去了？

时间是个很奇妙的东西，对谁都很公平，有时候你会觉得度日如年，有时候你会觉得光阴似箭。法国思想家伏尔泰曾出过一个意味深长的谜："世界上哪样东西最长又是最短的，最快又是最慢的，最能分割又是最广大的，最不受重视又是最值得惋惜的；没有它，什么事情都做不成；它使一切渺小的东西归于消灭，使一切伟大的东西生命不绝。"其实，伏尔泰讲的就是时间。

最长的莫过于时间，因为它永远无穷无尽；最短的也莫过于时间，因为它使许多人的计划都来不及完成；对于在等待的人，时间最慢；对于在作乐的人，时间最快；它可以无穷无尽地扩展，也可以无限地分割；当时谁都不加重视，过后谁都表示惋惜；没有时间，什么事情都做不成；时间可以将一切不值得后世纪念的人和事从人们的心中抹去，时间能让所有不平凡的人和事永垂青史。

时间很残酷，过去了就永远不会再回来，时间是宝贵的，可是这宝贵的时间往往被你在不知不觉间浪费掉了。

你知道你的一生是怎么度过的？有人做了这样一份统计：

人的寿命有长有短，这里取平均值：70岁。你可以看看自己70年的时间是怎么度过的。

人一生中站立的时间最长，在不知不觉中站了30年，要准备几双好鞋子啊！

睡卧的时间居第二位：23年。为此，不要忽视你的床榻、休息环境与条件。

准备一把舒适的椅子吧，坐着的时间居第三位，人一生要坐17年。

鞋子至关重要，因为走路还要消耗你生命中的16年。

尽管劳动是生活的必需，可人用于工作的时间总共才有10～12年。

人补充能量的时间竟是工作的一半：一生中要在饭桌上度过6年。

等车的滋味难受吗？人一生花在等车上的时间是3～6年，这要由家到工作单位的远近而定。以等一次车10分钟计算，人要在车站上度过170个昼夜。

长嘴就要说话，人一生用于交谈的时间需要2年。

从"新闻联播"开始计时，至正常的就寝时间止，人一生就要在电视机前度过2128个昼夜，约6年。

其余的内容我们以天计数。人一生要笑：623天。

做饭：560天。

感冒：500天。

学习：440天。这440个昼夜是指学校以外的学习。

接受中小学义务教育：405天。

节日活动、家庭聚会、学友联谊：375天。

书信来往、填各类表格：305天。

书报阅览：250天。

打电话：180天。

女性一生用于穿戴打扮的时间约531天，男性仅177天。

刮胡子是男人的"专利"，一生要为它付出140天的时间。

在洗澡时间的分配上也是男女有别：男人一辈子用在洗澡上的时间

是 117 天，女人是 531 天。

梳头：108 天。

刷牙：92 天。

流泪：50 天。

时不时会有人轻叩你的房门，他们或许是查电表的，或许是收水费的，或许是收缴煤气费的……总之在你的一生中，你的房门被不间断地敲 3~6 天。

积水成潭，积土成山，你一生看表的时间加在一起，要 3 天。人的一生就是这样度过的。

原来人的一生就这样度过了，你有时间被浪费掉吗？

学习生活中很多同学的时间被浪费掉了，下面是中学生浪费时间的常见表现：

1. 胡思乱想——不切实际地异想天开。

2. 坐立不安——不能专注于一件事，坐下后要花很长时间进入状态。

3. 东寻西找——缺乏整理，自己的东西东一件西一件，不容易找到。

4. 勤去厨厕——贪吃，不可避免地去厕所（厕所是逃避场所）。

5. 网络游戏、QQ 交友——投入了太多的时间在游戏和 QQ 聊天上。

6. 手机短信——没完没了的短信沟通。

7. 乱写乱画——书本拿出来了不是学习，而是在纸上乱画乱写。

8. 电视吸引——无法拒绝电视诱惑，大把时间浪费在没有意义的电视节目上。

9. 抓耳挠腮——做事、学习时，不能专注投入，东张西望。

10. 别人干扰——常受到别人的打扰，无法沉下心学习或做自己该做的事情。

11. 信息炸弹——网络、手机、广告充斥着太多的信息，让你无法辨别对与错、真与假。

12. 拖拉磨蹭——学习、做事前拖拖拉拉，总是要做些其他事情才能开始做该做的事情，或者该做的事情总被其他的借口（理由、事情）影响到了后一个时间段。

你想知道你的时间怎么浪费的吗？给你一个建议：学会记录时间。

工具十：时间记录表

时间记录表是一个帮你找到自己时间去向的记录表，每天你可以记录自己做过哪些事情，即一天 24 小时都用来做什么了，每做一件事就记录下它花费的时间，连续记录一周，你便可以大致发现你的时间跑到哪里去了，你记录得越详细越细致，越容易发现你"丢失"的时间，找到了"浪费"的地方，便可以避免下一次。

时间管理七大原则

时间管理只是一种手段，旨在帮助你更好地进步，其目的是让你知道该做些什么，同时决定什么事情不应该做。然而，知道什么该做、什么不该做，又不单单是时间管理了，它更涉及你的价值观，即你的学习、生活态度和目标，你处理问题的原则。

工具十一：探究价值观的问题表	
问题	你的回答
1. 困惑何时出现的？	
2. 假如你只能活一周，你会如何度过？	
3. 假如你只能活一天，你会如何度过？	
4. 如果你去世了，最高兴的是自己做成了哪件事情？你最希望别人如何评价你？	
5. 这辈子你最想做的事情是？	
6. 你将来想成为一个什么样的人？从事什么样的职业？	
7. 当你没有任何压力的时候，你最想做什么？	
8. 当你感觉内心非常平和的时候，你正在做些什么？	
9. 到目前为止什么事情让你最痛苦？	

原则一：3To 原则

时间管理不是简单地让你"Do your list"（做事件列表中的事），更重要的是让你进行自我管理，时间管理的"3To 原则"是"To Be——To Do——To Have"，它们不是并列的，而是先"To Be"，再"To Do"，最后是"To Have"。

To Be：想要成为什么。要拥有追求梦想的时间，能燃烧你内心的"火焰"，和你的价值观、原则相关；

To Do：实现目标要做的事情。确定要做的事情列表，合理地安排做事的先后顺序并执行；

To Have：当你"To Do"之后，才会得到自己想要的，也即拥有足够的时间，让你面对压力，实现各种需求。

如果某项学习或事情可以唤醒你的热情，同时能帮你开发天赋才能，而且世界也需要，你的良知也督促你去行动，那么，这将是你今生追求的东西，是你内在的灵魂，它将是你前进的动力。

请记住："绝对的自由，来自绝对的自律；绝对的自律，来自绝对的自许！"

自由 ← 自律 ← 自许

To Have ← To Do ← To Be

要有自许，并进而自律，才能自由；也就是先有"To Be"，采取"To Do"，最终得到"To Have"。

原则二："要事第一"原则

两个瓶子，一个里边先放大石块，当不能再放入时，再放入小石块，最后放入沙子；另一个瓶中先放沙子，当沙子到瓶口后，再放小石块、大石块。你会发现第二个瓶子根本装不下任何石块了，可是第一个瓶子，装完大石块后还可以装入小石块和沙子。

每个人都是一个容器，每天要做的事情就像大石块、小石块和沙子，大石块代表着那些重要的事情，小石块代表着次要的，而沙子则是那些无关紧要的事情。如果你净做那些对你未来意义不大的事情，你的时间就会被浪费掉，而重要的事情就没有时间做，结果你的人生只会充满"无关紧要"的东西，而不会真正有意义。

你需要做的是，思考你要做的事情并进行分类。

要安排事情的顺序，做到要事第一，你要知道三个词：

效率：把事情做对（Do the things right）

效果：做对的事情（Do the right things）

效能：把对的事情做对（Do the right things right）

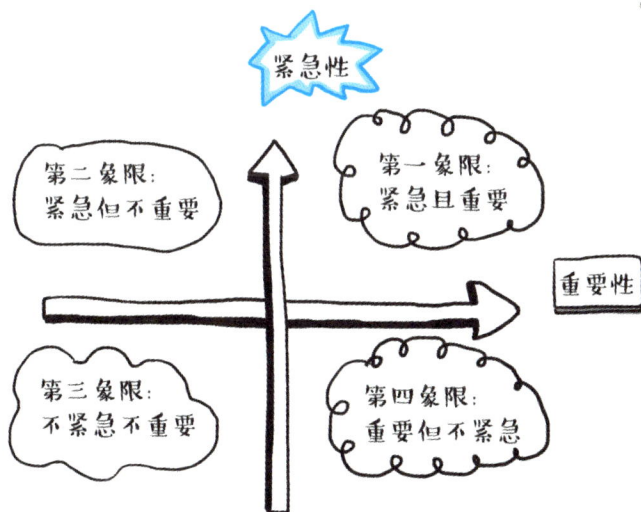

紧急性

第二象限：
紧急但不重要

第一象限：
紧急且重要

重要性

第三象限：
不紧急不重要

第四象限：
重要但不紧急

采用 ABC 法标记你的每日事件列表：A 代表最重要事情（最高优先级）、B 代表重要事情（次优先级）、C 代表次重要事情（再次之）；对于 A 类的事情也分优先级 A1、A2、A3，然后依次是 B1、B2、B3，C1、C2、C3，然后分配时间处理即可。

记住：事情不要多，尤其最重要的事情，建议 2 个为好，一天能做 6 件重要事情是很了不起的。

原则三：80/20 原则

这个原则描述的是一种不公平性，譬如，在生意中，20% 的顾客带来了 80% 的收益；在社会上，20% 的人拥有着 80% 的财富；生命中，20% 的时间带来 80% 的快乐；在朋友中，20% 的朋友占据了你 80% 的时间；在学习中，20% 的要点带来了 80% 的分数。在时间管理上，这个原则告诉你要抓主要矛盾，要将自己绝大多数时间用在能够带来成绩的 20% 的内容上，简而言之，就是将绝大部分时间放在最重要的事情上。80/20 原则提供给你实施"要事第一"原则的方向，你的眼睛要盯在 20% 的事情上。

希望：你在做事情前，问一问自己："这件事属于最重要的 20% 吗？"

抵御：清除小事情的引诱。

记住：不管你选择先做什么事情，久而久之就会成为一种很难改的习惯。如果你选择每天一开始先做低价值的事情，你很快就会养成先做低价值事情的习惯。

原则四："帕金森"定律

所谓"帕金森"定律，是要给任何事情，哪怕是小事也要设定完成的期限，否则事情会像橡皮筋一样被拉得很长，没完没了。正如帕金森所讲："你有多少时间完成工作，工作就会自动变成需要那么多时间。"如果你有一整天的时间可以做某件事，你就会花一天的时间去做它，而如果你只有一小时的时间做，你就会更迅速有效地在一小时内做完它。"帕金森"定律告诉你，一定要严格规定完成期限。

原则五："同一性"原则

"同一性"原则是指同一类事情最好一次性做完。假如你在做纸上作业，那段时间都做纸上作业；假如你是在思考，用一段时间只思考；如果打电话，最好把电话累积到某一时间一次把它打完。

记住：当你重复做一件事情时，就会熟能生巧，效率就会提高。

原则六："Write"原则

所谓"Write"原则，就是把要做的事情逐一写出来，这样你能随时看到自己有哪些事情要做，尤其是列写后标注上轻重缓急、做的先后顺序，这会帮你更有效地进步。

记住：不要轻信自己可以用脑子把每件事情都记住，而且事件清单也会给你紧迫感和成就感。

原则七："有序"原则

所谓"有序"原则，包含两个意思：一是要做的事情要分先后顺序；二是自己要有秩序感，做到整洁、井然有序。比如，起床要整理床铺，换洗的衣服扔进篮子里，从哪里拿的用完后放回哪里，不穿的衣服放进衣柜，把书放到属于它们的架子上，用完便签或笔记本后放到原来的位置，保持自己的房间整洁有序。书桌上尽量少放东西，只摆放正在学习的资料，避免分散精力。

专注和平衡——让自己更有效率

　　很多同学反映了一个现象，就是自己经常走神，而且效率低下。让一个人一节课完全不走神，说实话很困难，即使你完全投入，跟老师配合得特别好，其他同学也有可能分散你的注意力。最重要的是做到不纠结于短短的走神，走就走了，我们走路还可能有个趔趄，这个很正常，不正常的是你过分关注这件事情。一旦你刻意在意走神，你会发现你已经在走神了，而且越是在意就越走神。

　　如果你的基础比较差，老师讲的你不太熟悉，老师讲的对你而言就像天书一样，你说怎么可能集中注意力呢？焦急也会影响你。对于基础特别差的同学，如果想上课能集中注意力，课前预习是比较好的方式，至少你知道了这节课要讲的内容，就比较能明白老师讲的东西，对于自己不会的内容也容易提前集中注意力。

　　在这里我想和大家谈谈专注和平衡。我们做事情拖拉、走神、分散注意力，往往是由于做事情时不够专注。比如有些同学边学习边玩儿，写一会儿作业玩会儿桌子上的东西，有的是边写作业边 QQ 或微信聊天，这样做，作业的质量不能保证，你的复习效率也不可能很高，看似会了但是不牢靠。我提到的专注是希望你在做一件事时，不被其他事情分散和影响，集中注意力，做完这件事再做其他的，这也是我一直强调的"学的时候就是学不想着玩儿，玩儿的时候就是玩儿不想着学习"，做到投入到自己做的事情中，这样才能找到做这件事的乐趣。一旦投入进去，那些杂七杂八的想法就不会出现，你的效率自然就提升了。

　　另一个要和大家探讨的是平衡，无论我们如何想如何希望，现实和想法总是有出入，理想是美好的，现实是残酷的，在理想和现实之间要有一个平衡。很多同学给自己设定了目标，想的是好的，预期的也是好的，但是现实生活中的变动非常多，这些变动让你的预期出现误差，处于青春期的我们想事情往往不够系统，不能面面俱到，于是经常会出现意外影响，所以你在做计划和定目标的时候需要找到一种平衡，不要总是卡点，要留出用来平衡意外的时间。另外，平衡还在于允许自己的内心在理想和现实之间平和前进，比预期的差时要看看问题出在哪里，找到原因，然后投入去改善，下次不犯或者有进步就好；如果这次比预期做得好，不是万事OK，还是要想想这次为什么会这么好，原因在哪里，如果你找到了就可以让今后更好些。平衡是不让自己陷入各种焦虑中，能够投入学习，能够享受学习，更能够体会生活的乐趣，学习、社交、爱好——总之让自己能够平衡于这些方面，这是我希望你要思考的。

　　很多同学忽略了这样一个词——"效能"，举个例子，我们总渴望获得好成绩，好成绩是我们的"产出"，只关注"产出"不会得到结果，你得考虑"产能"——什么东西导致了"产出"，如果你忽略了这两者之间的平衡注定不能达成期望。因果法则从侧面也印证了这个，关注因才能得到果，无论哪种方法，要产生效果最后还是得行动，需要你的坚持，再好的方法离开坚持都是白搭。

　　总之，效率源自你的投入，成就于你各方面良好的平衡，做到这点需要努力和时间，但我想只要你愿意尝试，就会有好的成效。

摆脱拖拉的十条魔法

魔法一：学会分解任务，一点一点做。有些目标，乍一看，感觉很困难无法实现，或是需要莫大的努力，结果就导致了你什么都没做。不要气馁，你不妨分解任务，将其分解成你能做的小任务，然后逐一去做即可。

魔法二：改变观念和思考方式——没有"必须做"，只有"想要做"。学会正面积极思考，把"糟糕和恐惧"从心中挪开。同时，改变你思考问题的语言风格，把"必须做"去掉，换成"想去做"，因为"必须做"会让你感到"被迫"去做一些事情，容易产生抵触情绪。

魔法三：想到——写下——动手做。我们都有思路卡壳和畅通的时候，如果思路堵塞的时间太长，拖拉就会发生。没有主意你可能会停滞，但主意多也会让你停滞，面对任务，你要做的是想到一个想法，便写下来，不要排斥任何想法，然后，从中选择一个你觉得实际但又有点挑战性的想法去执行。

魔法四：写出所有拖拉的事情。尽可能地写出你拖拉的事情，聚焦在这些事情上，为做这样的事设定一个时间段，甚至你可以用小闹钟提醒自己。找到原来一直拖拉没有完成的事情，在一个固定的时间段内，全力去做，不给自己逃避的理由，时间久了就可以培养战胜拖拉的习惯。

魔法五：剔除分散注意力的东西。养成整洁有条理的习惯，书桌上尽量干净，只摆放当下复习的书籍。书包中也不要装太多的复习资料，减少分散注意力的因素。上课期间不挂 QQ（或其他聊天工具），不发手机短信。任何能够插入你和你计划要完成的事情中间的事情都会中断你现有的活动，尽量把这类事情剔除在外，或专门安排时间单独做。

魔法六：定时间，避免"帕金森现象"。要给任何事情，哪怕是小事设定完成的期限，否则事情会像橡皮筋一样被拉得很长，没完没了。

魔法七：确立你不愿意被打扰的时间。每天至少要有半小时到一小时的"不被干扰"时间。假如你能有一个小时完全不受任何人干扰，把自己关在自己的空间里面学习或思考，这一个小时的效率甚至可以抵过你平时几个小时的效率。

魔法八：学会说"不"。一旦确定了哪些事情是重要的，对那些不重要的事情就应当说"不"。如果有同学需要你的帮忙，那就要看他是确实需要帮忙，还是想偷懒。比如同学找你解题，如果这确实是一道很有难度的题目，你可以认真思考给他讲解，这样对自己对同学都有好处。反之，如果他上午刚问过一道类似的题目，现在又拿来问，说明他不动脑筋，那就应该鼓励他独立思考，而不是一味地依赖别人。帮他解答过于简单的问题，既浪费了自己的时间，也会使他产生一种依赖性。结果造成一种恶性循环，他越不会自己动脑筋，就会有越来越多的题目不会做，就越会来问你,你就会把越来越多的时间花在一些非常简单的题目上。最后，看起来你在乐于助人，他在虚心请教，结果却害了对方。

魔法九：停止完美主义倾向。无论学习还是做事，都需要先有个雏形，思考得完备没有问题，但一开始不可能十全十美，你可以有追求"完美"的心，但不可以成为"完美主义者"，尤其做事情之初不要想着完美，有了想法，而且想法没错那就行动，行动的过程中会不断完善你的想法。记住：没有完美的人和事。

魔法十：利用"一页纸"高效时间管理表。

不要太相信你的"脑袋"，更不要完全用"脑袋"管理时间，大脑不像计算机可以同时处理几件事，大脑会遗忘甚至会"说谎"。时间管理要从大脑中走出来进入纸上——每天用一张 A4 纸高效管理你的时间，可以折叠起来随身携带，随时提醒。

当然如果考虑到保存问题，建议你准备一个 A4、B5 或者 A5 的笔记本，使用笔记本你可以随时查看这段时间自己的时间安排，笔记本以便于携带、方便自己为主。

重要前提："一页纸"高效时间管理表（见表 4-1）的制作是建立在你明确知道自己的目标的基础上，所要处理的事情以有利于实现良好目标为前提。

思路：尽可能列出所有有助于实现目标要做的事情——列成待做事情表，选出今日要做的事情，进行先后排序，然后逐一执行，做完之后要检查、反思，并做调整以便更有效。

"待办事情列表"栏：填写你能想到的所有今天要办的事情，这一栏可以灵活些，你可以写出所有近两天、一周要办的事情，甚至更长时间的，只要纸张允许。

"ABC 顺序"栏：参见前面提到的 ABC 法标记要做的事情，每天选择最重要的 6 件事情，按 A1、A2、B1、B2、C1 和 C2 依次来做。

"事情内容"栏：填写要做事情的内容，并且填写的事情尽量符合"SMART"原则：具体、可衡量、能实现、有时间限制。比如：在下午 3 点前背完 50 个单词。

"预估用时"栏：填写你完成这件事预估的时间，比如背完 50 个单词预计需要 30 分钟。

"时间安排"栏：此栏填写做这件事的时间段，起始时间～完成时间（假如超过 45 分钟，你可以分成几段：起始时间～中间时间 1，中间时间 2～完成时间），比如 13：00~13：45，13：48~14：33（背单词时间）。

"完成情况"栏：事情完成，打对"√"；没有完成，打"×"；部分完成，打"√"。

"琐碎事情"栏：是每天并不重要的事情，甚至是阻碍目标实现的事情。

"事情说明"栏：填写那些"琐碎"而又意义不大的事情，可以说明得简要些，比如，玩游戏。

"耗时"栏：填写做这件"琐碎事情"的时间，格式为"＿＿＿＿分 / 小时 (＿＿至＿＿)"，比如，2 小时（13：00 至 15：00）。

"做此事的原因"栏：填写自己做这件"琐碎事情"的原因，这让你看到自己不足的地方，暴露弱项，便于你引起注意。比如，没有克制住 CS 游戏的诱惑。

"今日反思"栏："今日收获"栏填写今天自己的收获，好的值得发扬，同时记录的成就也便于激励自己；"今日问题"栏填写今天遇到的问题，或者反思自己为什么没能做好重要事情，受了什么诱惑，下次有没有什么方法避免。

表 4-1 "一页纸"高效时间管理表

"一页纸"高效时间管理表（日期：_____年_____月_____日）

待办事情列表	ABC 顺序	事情内容	预估用时	时间安排	完成情况
	A1				
	A2				
	B1				
	B2				
	C1				
	C2				
琐碎事情					
事情说明	耗时			做此事的原因	
今日反思					
今日收获				今日问题	

170

看清脚下的路，不要南辕北辙——逆反

【对话和博士】

全世界都和我"作对"

　　和博士，我是一名高二的男生，学习成绩中等，我很不喜欢现在的状态。在家里父母动不动就说我，除了学习还是学习，我想做点自己的事情都不行。我承认我有时候是不太听话，也知道自己有些地方做得不太对，可是，为什么他们就不能好好跟我谈呢？在学校，我也不喜欢我的班主任，我的成绩是一般了点，可是我也是她的学生啊，她让我们干什么就干什么，那为什么我们有需要的时候她就不管了？我们还是中学生，同学之间难免有摩擦，彼此互相不服气，总想争个输赢，我想这是一种正常状态吧。天天被人管、被人说，我们又不是犯人，真是痛苦！

逆反不是你的专利

你的父母有没有说你"不听话""不受教""做事任性"？你有没有觉得，你的父母一天到晚唠唠叨叨，还规定这不许、那不准，烦死人了！

进入中学后，你经常会听到这样一个词"青春期"，你的父母、老师也许会说由于你处于青春期，所以才出现了逆反的心理，才会经常顶撞父母，甚至跟老师对着干。你也觉得，在这个阶段出现反抗心理是正常的。

说实话，逆反心理并不仅仅是青春期的你们所专有的，它潜藏在所有人的内心。很多人都有这样的行为：你不许我这样做，反而倒使我增强了想这样做的欲望。尤其是，当一个人对另一个人反感时，无论他说什么，你都会觉得他说得不对，总是有意无意地反抗。换个说法，人都有偏激的一面。

你有没有听一些成年人在抱怨：为什么他的任务比我的轻？为什么别人都走了非要我加班？你又不是我的上司，凭什么命令我？即便是上司，你凭什么对我大喊大叫？这就是一种"逆反"。轻度的"逆反"类似鲁迅笔下的"腹诽"，有意见不肯说，却在肚子中骂，由于没有直接发作，可能一时半会儿没人察觉，但时间久了，就很危险了；而重度的"逆反"则直接体现为对着干。

人都有逆反的一面，只是随着年龄增长，随着自己控制能力的提升，程度体现得各有不同罢了。相比之下，正处于青春期的青少年在控制自己的逆反心理上还有很大不足。

逆反不会平白无故地出现，其背后总有各种各样的原因。我们看看有哪些原因会引起你的逆反心理。

无法满足的好奇心。你可能听说过这句话"好奇害死猫"，人人皆有好奇心。假如父母、老师告诉你不许看这个、不许用这个，你反而越发想去尝试。例如，一些不健康的文艺作品，越是受批评，人们越是想看，想方设法要弄到手，一睹为快。电影宣传海报上规定某部影片"未成年人不宜观看"，但其作用恰恰相反。上化学课，老师再三交代切勿将浓硫酸与水混合在一起，某些学生胆大而为之，结果酿成大祸。当你怀有强烈的好奇心，在做某事被禁止时，最容易被引起好奇心和求知欲，尤其是在只做出禁止而又不加任何解释说明的情况下。

渐强的自我意识。进入中学很多同学开始觉得自己已经长大了，希望自己能独立思考问题，不喜欢被父母管教，不希望父母过多地干涉自己的学习、生活、交友等私人问题，这是一种成长的表现。你不喜欢父母过问自己的问题，不喜欢父母对自己的生活过多地干涉。可是，你忘了一点，正是由于他们是父母，所以才会因为关心而过问，但你却常常因为自己坚强的自我意识"作祟"而与父母发生矛盾。

学习的压力。很多同学都是被迫去学习，尤其是当承受着高考的压力，面对父母、老师对你的持续"轰炸"时，你早已不胜其烦，一旦遭受挫折，便会产生一种反抗情绪，有时甚至故意违背他们的意愿不好好学习。

心理上的需要。人都有这样一种心理——越是得不到的东西，越想得到；越是不能接触的东西，越想接触；越是不让知道的事情，越想知道。由于大多数同学自我控制能力还不是很成熟，这种欲求也就更强烈。这种强烈的内心诉求，表现在外就成了一种逆反的对抗。

以往特殊的经历。所谓"一朝被蛇咬，十年怕井绳"，每个人都有自己的过去，而过去的种种经历也会影响现在和将来的生活。譬如，有的同学多次向人表白却被拒，会觉得自己没有魅力；有的人多次失恋，便认为人世间没有真正的爱情；有的同学一向循规蹈矩、与人无害，可偶然有一次受到了莫名其妙的冤枉，结果大受刺激，变得多疑、不信任别人，由于过分保护自己，便像刺猬一样，常常以"刺"对人。

获得别人关注的渴望。谁都想成为聚光灯下的明星，赢得他人的关注，然而，并不是每个人都可以吸引别人的眼球，尤其是，当自己的能力不足以吸引别人时。有些同学为了获得别人的关注，采取了另一种极端的措施，以另类、反抗成为别人关注的焦点，既然不能"流芳百世"，那就"遗臭万年"，结果往往令人痛心。

说实话，我没有写太多外界的因素，可能外界不少因素会对你产生影响，但是，所有的因素都是反映到自己内心才可以起作用，人都有以自我为中心的潜在心理，一旦外界的一切不能让你满意或者开心时，你往往会产生不快，甚至产生对抗的行为。有想法不一定要去做，每个同学都会面临各种诱惑，问题是有人采取了行动有人没有。也许你没办法控制外界的影响，但至少可以控制自己的行动。

宽容还是纵容！

　　很多同学多是独生子女，习惯了被宠爱被包容，习惯了以自己为中心，习惯了自己是焦点。生活中需要他们谦让的教育很少，家庭里对他们的宽容教育、感恩教育也很少，他们常常以自我为中心，以利我为宗旨，不懂得考虑别人的感受。最直接的表现是说话要占上风，凡事都不肯吃亏，对父母长辈颐指气使，稍有不顺心便大发脾气。似乎，别人都要为他服务，只有别人对不起他的情况，从没有自己对不起别人的时候。

　　责人不如帮人，倘若对别人一味挑剔、苛责，只会更加令人反感，而且可能激起逆反心理一错再错。生活中每个人都会有不如意的时候，也都会遭遇失败，当你遇到了竭尽全力仍难以逾越的屏障时，请别忘了：宽容是一片宽广而浩瀚的海，包容了一切，也能化解一切，会带着你跟随着它一起浩浩荡荡向前奔涌。

　　在生活和学习中请学会宽容待人，不能一味索取，不能斤斤计较，不能得理不饶人。不妨做一个小小的测试，假如你遇到下面的情况，你会采取什么样的行动：

　　当同学无意弄脏了你的衣服时……

　　当同学经常在背后说你的坏话时……

　　当老师向你的父母打你的小报告时……

　　当父母在气头上对你发火时……

　　然而，宽容不等于软弱，更不等同于没有原则，一味纵容。如果是班干部，为了赢得更多同学的好感，而"宽容"其他同学的违纪——他们违反纪律不去管，他们不交作业帮着隐瞒……这不是帮助他们，相反是害了他们，同时也害了自己。对待朋友的小误解、小伤害，要选择宽容，但是对违背原则、法律法规的事情则坚决不能姑息。

能否心怀感激？

我们常常让老师讲题，却忘了对老师说声谢谢；我们常常津津有味地吃着妈妈做的可口饭菜，却忘记了赞美；我们常常流连于城市干净的街道、林立的高楼，却忘了这背后的清洁工人、建筑工人的辛勤与努力。生活中有很多事情，在你眼里也许是理所当然的：老师为你讲课给你讲题，是应该的；父母爱你给你做饭，帮你解决问题是理所当然的。正是你的"理所当然"，让一份化解你们误解的良药——"感激"渐渐远离你。

人生的道路，曲折坎坷，不知有多少艰难险阻，你随时会遭遇挫折和失败。在危困时刻，假如有人向你伸出温暖的双手，解除生活的困顿；假如有人为你指点迷津，让你明确前进的方向；甚至有人用肩膀、身躯把你擎起，让你攀上人生的高峰……你会感激他们吗？一声最简单的"谢谢"你有多少次说出口了？

这个世界上没有什么理所当然的事情。在生活和学习中，对于他人的帮助和支持，要心怀感激，因为正是有了他们的帮助和支持你才走得更远。心怀感恩，才能让你充满力量，不至于被各种负面情绪影响，更重要的是，一个懂得感恩的人，将来才会有所成就。

我很喜欢这样一段话，送给你：

感谢伤害我的人，因为他磨炼了我的心志；
感谢欺骗我的人，因为他增长了我的见识；

感谢遗弃我的人，因为他教导了我应自立；

感谢绊倒我的人，因为他强化了我的能力；

感谢斥责我的人，因为他助长了我的智慧；

感谢藐视我的人，因为他觉醒了我的自尊；

感谢父母给了我生命和无私的爱；

感谢老师给了我知识；

感谢朋友给了我友谊和支持；

感谢邻家的小女孩给我以纯真无邪的笑脸；

感谢周围所有的人给了我与他人交流沟通时的快乐；

感谢生活所给予我的一切，虽然并不全都是美满和幸福；

感谢天空，给我提供了一个施展的舞台；

感谢大地，给我无穷的支持与力量；

感谢太阳，给我提供光和热；

感谢天上所有的星，与我一起迎接每一个黎明和黄昏；

感谢我爱的人和爱我的人，使我的生命不再孤单；

感谢我的敌人，让我认识自己和看清别人；

感谢鲜花的绽放，如茵的绿草，鸟儿的歌唱，让我拥有了美丽和充
满生机的世界；

感谢日升，让我在白日的光辉中有明亮的心情；

感谢日落，让我在喧嚣疲惫过后有静夜可依；

感谢快乐，让我幸福地绽开笑容；

感谢伤痛，让我学会了坚忍，也练就了我释怀生命之起落的能力；

感谢生活，让我在漫长岁月里拈起生命的美丽……

愿人人都拥有一颗感恩的心！

你是否注重方式？

因为我们年轻，所以往往很率直，想到什么就做什么，尤其是解决问题时往往选择最直接的方式，而这恰恰让结果出乎我们的想象。虽然大家常因我们年轻而原谅我们，但这不能成为我们的借口，初生牛犊不怕虎，这是我们好的方面，但处理问题时需要我们及时停下来，冲动解决不了问题。

青春期的我们自尊心很强，经常会因为维护自己观点而和别人发生争执，有时候明知自己错了，还是倔强地维护自己的"面子"，尤其是面对父母的时候。

倔强和逆反背后凸显的是我们处理问题的方式，也许父母、老师或同学有处理不对的地方，但最重要的是我们自己的反应。遇到冲突，我们首先要暂停，带着情绪很容易激化问题，停下来想想刚才自己有没有过错？尤其是在自己正确而别人错误的时候，一味的争执只能让对方更加反感，过激的行为只会让事情变得更糟糕。

我跟你分享个故事，希望能说明应对方式的重要性。

南风与北风比赛，看谁更有力量。北风说，你看，路上有一个行人，谁能让他脱掉身上的大衣，就算谁赢。南风笑了笑，同意了。于是，北风立即呼啸而起，让行人感到一阵刺骨的寒冷。可是，行人不仅没有脱掉大衣，反而把大衣裹得更紧了。北风使尽浑身解数，也无法达到目的，只好无可奈何地退了回去。

温暖的南风开始轻柔地吹拂行人的脸庞。行人感到越来越暖和，越来越燥热，不由自主地解开了纽扣，然后脱掉了大衣。这样，南风就向北风宣告自己赢得了胜利。

有时，我们已经找到了解决问题的办法，也知道什么是正确的，但没有采取适当的方式，反而使事情变得更糟，与我们的预期相悖。也许生活中的我们都有这样的经历，那就让我们从今天开始改变自己吧。

抑制冲动的五条建议

反抗并不能解决问题，逆反总会带来伤害。其实，有很多方法可以解决你遇到的问题，我要告诉你的是：自己是一切的根源，很多困扰都是由于自己的"过度"反应造成的。

为了能够更加开心幸福地生活，减少与父母、老师和同学的矛盾，我给你五条建议。

建议一：学会理解别人。不要总是从自己的角度看问题，觉得其他人都对不起自己，你又了解别人多少？当你觉得自己对别人——父母、老师或朋友——产生不满时，你可以尝试回答下面 7 个问题：

1. 站在别人的角度看你的做法，假如你是对方，会对你的做法生气吗？

2. 你这样做，别人会如何看你、如何对待你？

3. 站在别人的角度思考你可能做错的地方有哪些？

4. 你为什么对他们不满意？

5. 你会对别人的做法采取哪些行动，这些行动会导致什么后果？

6. 你们双方可能出现的误会是什么？

7. 你最终会如何看待这件事，如何对待别人？

建议二：学会控制自己。冲动是魔鬼，一不小心就会让你跌进深渊，所以遇到让你生气或者愤怒的事情，一定要先"暂停"，尝试着从别人的角度看问题，试着理解别人，试着回答建议一中的 7 个问题，明白自己内心真实的想法，再采取行动。有时候你会被别人误解，甚至受到委屈，这是正常的，伸出你的手也可以看到自己的十个手指不是一般长。谁都不希望自己被误解，不喜欢受委屈，可是，面对这种情况，你的冲动甚至对抗会解决问题吗？我想有时候这么做反而把问题弄糟糕了，何不换个时间等大家都冷静了再来讨论如何解决问题呢？有人曾开玩笑地说：当遇到事情时，理智的孩子让血液进入大脑，能聪明地思考问题；野蛮的孩子让血液进入四肢，大脑空虚，疯狂冲动。我想你会成为一个理智而富有智慧的孩子。

建议三：尽量不生气不愤怒。哲学家康德说："生气，是拿别人的错误惩罚自己。"美国生理学家艾尔玛曾做过一个"气水"的实验，他将几支玻璃管插在 0℃冰水混合的容器里，借以收集人在不同情绪下呼出来的"气水"。结果发现，心平气和时呼出的气，凝成的水澄清透明、无色、无杂质；生气时，则会出现紫色的沉淀。更要命的是，将收集的生气时冷凝的"气水"注射到健康的小白鼠身上，几分钟后，老鼠居然死了。由此可见愤怒的可怕，怎样控制自己的愤怒呢？给你几个小方法。

数数法。这个方法最简单，当你感觉到自己将要生气时，立马给自己下命令——"数数"。此时你便从 10 开始，倒着数，一直数到 1，这样做，你的情绪便得到了缓和，即使再发火也不至于那么强烈。你也可以找个搭档，一旦你们两个中的一个生气时，另一个人立即提醒你——"数数"，你便重复上边的操作。

情绪宣泄法。当你遇到不公正的待遇，遭受委屈，产生负面情绪，甚至比较愤怒时，你可以选择比较喜欢的运动方式将自己的情绪宣泄出去。要注意，你可不能选择打人，比较好的方式是，走出去在操场、小区空地或者其他空地，疯狂地跑上几圈，跑完后你的情绪就会得到宣泄。当然，有时候受天气和地点影响，你可能不便跑步，那就在室内做俯卧撑，做俯卧撑时你不需要注意自己是否标准，你只需要疯狂地做，加快频率地做，让自己情绪宣泄即可。

转移注意力。当你产生负面情绪时，可以通过转移自己的注意力来降低负面情绪对自己的影响，你可以看一些喜剧电影、幽默剧集，也可以让自己去做一些不用大脑思考的工作，尝试着分散你的注意力。譬如，我比较喜欢写字，一旦生气或受委屈了，只要条件允许我就写毛笔字，如果没有毛笔，我就拿签字笔、钢笔、铅笔或圆珠笔写字。

建议四：尝试着与父母分享你的喜怒哀乐。让父母走进你的生活，让他们了解你，而不是将自己封闭起来，一味地抱怨他们不了解你，你应该敞开你的心扉让他们走进来。如果你始终关闭自己内心那扇大门，他们无论如何也走不进去，所以，主动些吧。

建议五：学会体谅和宽容别人。任何事情都有两面性，因你的看法而有不同的结果。人无完人，每个人都会有或多或少的缺点。学会体谅别人，当事情发生时，尽量站在别人的角度去思考问题，想想会对别人产生什么样的影响。其实，你可以从另一个角度来看待别人对你的误解或伤害：你要知道正是你的力量让对手恐慌；更重要的是，石缝里长出的草最能经受风雨。风凉话，正可以给你发热的头脑"冷敷"；给你穿的"小鞋"，或许能让你在舞台上跳出曼妙的"芭蕾舞"；给你的打击，仿佛运动员手上的杠铃，只会增加你的爆发力。倘若你睚眦必报，只能说明你无法虚怀若谷；言语刻薄，是一把双刃剑，最终也会割伤自己；以牙还牙，也只能说明你的"牙齿"很快要脱落了；血脉偾张，最容易引发"高血压病"。"一只脚踩扁了紫罗兰，它却把香味留在那脚跟上，这就是宽恕。"安德鲁·马修斯在《宽容之心》中说了这样一句能够启人心智的话。

你看得清"虚拟世界"的自己吗？——网络成瘾

我是虚拟世界的"神"

　　一位妈妈带着儿子来北京参加一个戒网瘾的训练营，一次偶然的机会，他们来到了北大，我跟这位妈妈和儿子做了一次交流。儿子马上读高三，但是沉迷于网络，天天去网吧。孩子喜欢计算机，我尝试着从计算机和游戏的角度跟孩子沟通，聊着聊着我发现孩子还喜欢管理。他玩网游，在当地有一个将近200人的网游小队，他是副队长。在和孩子的聊天中，我发现他几乎不能分清现实世界和虚拟世界。他告诉我玩网络游戏可以"挣钱"，他们小组每年能够创造几千万的价值，只是他们没有兑现成人民币，还是游戏币。当我问，既然你们那么能挣钱，为什么每个月还要从家里拿钱玩游戏时，他又开始支支吾吾了。这就是沉迷于网络的孩子……

网瘾背后的秘密

这是移动互联网的信息时代，网络和信息无处不在，在这样一个时代，利用互联网不仅正常，而且非常有必要。如何在移动互联网的信息时代学会自己长大，也是我想在本书中给大家传递出的信息，我们可以通过互联网和智能终端连接机会，查找资料，学习课程。但也有很多同学沉迷在网络游戏、玄幻小说中而不能自拔。

上大学时，我就有 4 名同学由于天天玩游戏而荒废了学业，留级或退学了，将自己努力了十来年才考上的大学轻易地放弃了。

每个人上网都有自己的理由，你上网的理由是什么？假如你已经开始迷恋网络了，你觉得自己迷恋它的原因是什么呢？我希望你能思考下这个问题，把下面这个表格（表4-2）完成，假如可能，希望你能将答案发至我的邮箱：1429607376@qq.com。

表 4-2　关于网络的思考表

问题提示	你的回答
你经常使用网络、智能设备（手机、Ipad、电脑等）做什么？	
最初使用网络或玩游戏的原因是什么？	
你迷恋网络或游戏的原因是什么？	
你使用网络或玩游戏时的感觉是什么？	
你觉得使用网络或玩游戏有什么好处？	
迷恋网络或游戏会带来什么坏处？	
为什么你无法远离网络或游戏？	

究竟是什么原因让你不能自拔呢?

习以为常的惯性。这是一种很正常的现象,譬如,每天晚上9点到10点这个时间段用来上网,时间一久,你在这个时间段的第一想法就是上网,这就是一种惯性。无论做什么事情,一旦养成习惯,就会有惯性。开始玩游戏并没有什么特别的想法,纯粹是感觉新奇和好玩,尝试了之后觉得不错,就开始玩,可能当时也没有把这个当作多重要的事情去做,但时间长了就养成了习惯。

逃避残酷的现实。没有谁不想考出好成绩,可是并不是每个人都能考出好成绩。很多同学跟我交流的内容全都围绕成绩,问怎样才能提升成绩,甚至渴望到了疯狂的地步。当你觉得自己已经努力了,可依然没有取得好成绩时,你会如何?你知道父母最关心的是什么,老师最关心的是什么,说白了都是成绩。父母虽然意识到了成绩不是一切,可是实际能做到忘记成绩的却是少之又少,于是,不少同学选择通过网络逃避现实,把一切头疼的问题抛到脑后。

追求成就感。不少同学喜欢好莱坞大片,因为里边总有让你热血沸腾的英雄人物;有不少同学喜欢看小说,因为小说男主人公总是通过努力就变得超级厉害,各种打怪升级,最后打遍天下无敌手,更赢得了美女的爱。成就感是我们做一件事情的动力,说实话没有谁不喜欢被表扬被称赞的,而虚拟世界、网络游戏给了你施展的机会,按几下键盘或按键,就可以体验胜利的滋味。而且由于很多人学习成绩一般不好,在家在学校都无法得到表扬,当渴求的成就感不能得到满足时,部分同学就会选择通过虚拟世界、网络游戏来满足自己。

享受无拘无束的感觉。很多同学的朋友圈很窄,甚至没什么朋友,在学校是学习,在家还是学习,即使面对朋友也很难做到无拘无束地交流。而在网络世界里,谁也看不到谁(只要不开视频),谁都不认识谁,你完全可以向对方吐露自己的心事。在网络中，你可以把自己塑造成一个完美的人，也可以把自己塑造成一个糟糕的人，你完全可以随心所欲，这也许正是你心动和迷恋的地方。

逃避沉重的压力。亚里士多德曾说过，人的本性是追求快乐而逃避痛苦。当你觉得自己生活在压力中，当你觉得一切都让你痛苦时，你会怎样？很多人选择逃避，像蜗牛一样缩进自己的壳里，可是你并没有"壳"。你希望日子能够快点过去，不想去面对现实，而在虚拟世界你可以忘记所有的一切。于是，不少同学选择了逃避，向网络逃避，把一切让你痛苦的问题抛到脑后。可是，这就像鸵鸟，你把头扎进沙子里，问题就会解决吗？不会！

伤人的家。你最在乎谁的关注？你最想得到谁的称赞？父母、老师还是朋友？人是很矛盾的，明明彼此互相在乎，却又莫名其妙地彼此伤害。家家有本难念的经，在我做的调查问卷中，多数同学觉得自己的父母"有问题"，父母不能真正了解自己，甚至有不少人对自己的父母有怨言。现在生活压力越来越大，父母身上的担子也越来越重，对你的要求也越来越多，可能关心你内心感受的时间越来越少了。让你觉得家不知道从什么时候开始，成了伤人的"囚牢"。

"谣言"误人。当你跟家人或者老师闹矛盾甚至反抗时，你听到最多的是什么——你处于青春期，你容易逆反，所以这是正常的。你可能也认可了——由于你是青春期，所以你会逆反。当你上网玩游戏的时候，你的父母有什么想法？——太可怕了，孩子居然上网玩游戏了，会不会有网瘾啊？在他们心目中上网玩游戏似乎成了十恶不赦的事情，似乎只要你上网玩游戏就会有不好的结果。还记得吗："如果有一个人告诉你你是一匹马，那是他疯了；如果有三个人告诉你你是一匹马，那他们一定是在酝酿一场阴谋；如果有十个人告诉你你是一匹马，那你就该买个鞍座了。"一旦你相信年轻就会逆反反抗，上网玩游戏就会上瘾，那你只能得到你想要的结果。

精神上的空虚。这么繁重的学习任务，怎么可能会空虚呢？事实上，很多人到了晚上就容易胡思乱想，对未来对明天充满了恐惧。吃的、穿的、用的，父母都会满足你，甚至你的学习他们都会为你安排。他们可以满足你任何物质生活上的需要，却不能接触你的内心，你内心真的需要什么你的父母不知道，你也没有告诉他们。

说白了，一个人如果没有要坚持的事情，不能获得进步，找不到现实生活中的成就感，就极容易沉浸在虚拟世界。

为何好的事情很难上"瘾"？

一提到上瘾，似乎总能和不好的事情沾上边，酒瘾、烟瘾、网瘾等，但是很少听人说诸如学习瘾、工作瘾、运动瘾之类的话，为什么好的事情很难上瘾呢？养成一个坏习惯很容易，但是养成一个好习惯却很难，甚至刚刚养成一个好习惯，就被一个不良的行为毁掉了。

很多同学明知道自己有很多坏习惯，却因为痛苦而不愿意改变，没有别的原因，只因他们知道总有人能让他们依靠，因为父母不忍心抛弃他们。可是当有一天没有人再能让你依靠，再来包容你时，你该怎么办？据天津的一项调查：51.9% 的学生长期由家长整理生活用品和学习用品，74.4% 的学生离开父母就束手无策。

网络本身没有错，但如果我们利用不好反被控制，就成了罪过。我们要做的不是怪罪网络和游戏，而是应该学习如何正确使用它们、控制自己，而不要让依赖控制了我们。

很多同学是因为学习、家庭的压力或者问题，一时不知道怎么办，选择了逃避才去接触网络游戏，然后在游戏中渐渐迷失自己，以为沉浸在其中就可以忘记现实的种种苦恼，殊不知酒醉总有醒的一天，你不可能永远生活在网络的虚拟世界中，你总要吃喝拉撒，回到现实，回到家中。选择逃避在我看来绝对是懦夫行为，我的父亲从小就教导我：咱可以没有能力解决问题，但是绝对不能逃避问题；没有能力咱可以学，但绝不能做逃兵！

说真的，我希望你能感谢高中，因为高中的竞争和压力，反而激发了你的斗志去努力，而到了大学，当没有老师督促你，仅靠自己努力时，很多同学反倒迷惘了，抱怨学校无聊，抱怨专业无趣，殊不知这全是自己的问题。

"网瘾"的问题不在"网"

有太多的父母为孩子的网络问题在犯愁。我想在他们眼中网瘾无异于洪水猛兽。很多父母把孩子网瘾的罪魁祸首归结到网络上，对孩子上网严加看管，采取了各种各样的手段。中国青少年网络协会曾进行过一次问卷调查，参与调查的近 200 名家长中，超过 80% 的家长不支持孩子上网；近半数的家长认为，网络就是造成孩子"网瘾"的原因。

一些家长甚至采用拔网线、砸电脑等方式阻止孩子与网络接触，可结果还是禁不了。父母始终不明白这种打打杀杀血腥暴力有什么吸引人的。

以前说电视害孩子，后来说是录像厅害孩子，再后来说游戏机室害人，到了现在出现了网络、网络游戏，我们又把问题推给了网络和游戏……无论哪个阶段，对于孩子的问题我们总是找一个"替罪羊"，假如再出现新的东西，孩子又迷恋进去了，那家长们又会找到新的"某某瘾"。亚里士多德曾说过，人的本性是追求快乐逃避痛苦。一旦孩子遇到了困难和挫折，又没有人能帮他们解决，他们是肯定会退缩的。其实，不仅孩子如此，成年人如果困难太大压力太大，他也会逃避，也会找个"窝"躲进去；对于孩子来说，网络就是这个"窝"。

你觉得水是坏东西吗？不是，没有水，人没法子活；可是水又常常伤害人、淹死人。网络仅仅是社会发展的一个产物，就如同水一样，无所谓好坏。确实互联网有很多糟粕，需要规范和管理，但问题本身还在于我们自己。在移动互联网的时代，我们已经无法离开网络，在我看来，网瘾的问题不在于网，而在我们的思维方式，我们缺乏批判性思考能力，不知道如何思考问题和解决问题，不知道如何利用互联网产品，最终反而让虚拟网络成了我们逃避现实的温床。

不要把责任推到应试教育身上

有一些人说应试教育是不好的，说实话，我觉得这是不负责任的说法，就这一句话把问题全丢给制度了，仿佛家长就没有责任了！全世界各国的教育都有不同的问题，区别在于父母能为孩子做什么；教育不仅仅是学校的问题，更主要的还是父母的问题。

学校和家长看重成绩没错，因为你也在看重成绩，正如大多数人都想有名望有地位有财富，可问题就在于追求这些的同时，不能被它控制和束缚。不能为了成绩而追求成绩，除了成绩还是成绩。

把网瘾问题的归因丢给应试教育本身就是不合理的，父母不妨反思自身的问题，同时，你自己也应该思考下，网络之瘾背后的原因。我们常常希望通过改变别人来改变事情的结果，这本身就是错误的想法。

我们常常抱怨这不好那不好，说别人如何，可是我们自己做得对吗？我们又何尝不是这个社会的一分子，假如每个人都能从自身角度看问题，解决好自己的问题并管理好自己，会不会影响整个社会？所以不要抱怨教育制度，我们可以通过改变自己影响他人，有很多人的成功并非完全因为学校教育，而是父母起了重要的作用，更重要的是自己认识到了问题，开始了改变，并且坚持了改变。

不要抱怨种种，而是要先反问自己有没有做得无可挑剔。与其在埋怨中蹉跎余生，不如从自我改变中发现意想不到的惊喜。

呼
呼!

幸运的是，及时发现，
我并没受伤！

走出“上瘾”的十条魔法

网络、游戏说白了都是你的寄托物，这些都是你无力面对问题时用来逃避的“蜗牛壳”。逃避解决不了任何问题，为了解决这类问题，我给你十条魔法。

魔法一：做事竭尽全力，不要拿“我已经尽力”“我已经努力”作为借口。在我的讲座和讲课中，我一直在分享一个观念：不要拿努力、尽力作为借口，你要竭尽全力！我讲一个故事：

在美国西雅图的一所著名教堂里，有一位德高望重的牧师——戴尔·泰勒。有一天，他向教会学校一班的学生们讲了下面的故事：

有一年冬天，猎人带着猎狗去打猎。猎人一枪击中了一只兔子的后腿，受伤的兔子拼命地逃生，猎狗在其后穷追不舍。可是追了一阵子，兔子跑得越来越远了。猎狗知道实在追不上了，只好悻悻地回到猎人身边。猎人气急败坏地说："你真没用，连一只受伤的兔子都追不到。"

猎狗听了很不服气地辩解道："我已经尽力而为了呀！"

兔子带着枪伤成功逃生回家后，兄弟们都围过来惊讶地问它："那只猎狗很凶呀，你又带了伤，是怎么甩掉它的呢？"

兔子说："它是尽力而为，我是竭尽全力呀！它没追上我，最多挨一顿骂，而我若不竭尽全力地跑，可就没命了呀！"

泰勒牧师讲完故事之后，又向全班郑重承诺：谁要是能背出《圣经·马太福音》中第五章到第七章的全部内容,他就邀请谁去西雅图的"太空针"高塔餐厅参加免费聚餐会。

《圣经·马太福音》中第五章到第七章的全部内容有几万字,而且不押韵,要背诵其全文无疑是许多学生梦寐以求的事情,但是几乎所有的人都浅尝辄止,望而却步了。

几天后,班上一个11岁的男孩,胸有成竹地站在泰勒牧师的面前,从头到尾按要求背了下来,竟然一字不落,没出一点差错,到了最后,简直成了声情并茂地朗诵。

泰勒牧师比别人更清楚,就是在成年的信徒中,能背诵这些篇幅的人也是罕见的,何况是一个孩子。泰勒牧师在赞叹男孩那惊人记忆力的同时,不禁好奇地问:"你为什么能背下这么长的文字呢?"

男孩不假思索地回答:"我竭尽全力。"

16年后,那个男孩成了世界著名软件公司的老板。他就是比尔·盖茨。

很多同学不敢相信自己的潜力,每个人都有自己的潜力,这个潜力不一定是在学习上,你总有个方面是优秀的。正如心理学家所指出的,一般人的潜能只开发了2% ~ 8%,像爱因斯坦那样伟大的科学家,也只开发了12%左右。一个人如果开发了50%的潜能,就可以背诵400本书,可以学完十几所大学的课程,还可以掌握二十多种不同国家的语言。这就是说,我们还有90%以上的潜能处于沉睡状态。谁要想创造奇迹,仅仅做到尽力而为还不够,必须竭尽全力才行。

魔法二:不要幻想自己失败之后有父母帮你解决一切,而要把自己想象成一个"孤儿"。很矛盾吧?我建议你多跟父母交流,可怎么又让你把自己想象成"孤儿"呢?前文我提到了依赖,你为什么会如此轻易地原谅自己的错误,为什么那样容易放弃,最主要的原因就是父母给予了你一切。你知道他们不会不管你，无论你怎样，他们还是会帮你。不要有这种想法，这是对自己不负责任，更是对父母不负责任。和父母交流是为了让你们彼此能够更加了解，感受到家庭的温暖，让你知道自己并不孤独；让你把自己想象成"孤儿"，是希望你在遇到问题和解决问题时，不要总是想让别人帮你解决问题，而是自己去体验，去尝试，找到自己的不足，这样体验过的东西才会有更深的记忆。

魔法三：学会延迟享受，不一定自愿自觉，但一定要坚韧不拔。我们做事情分两种状态：一种是自愿自觉去做；另一种是尽管艰难却不得不去做，坚韧不拔地去做。肚子饿了你会去吃饭，困了累了你会去睡觉，快乐的地方只要有机会你会去寻找，比如去网吧、玩游戏、看小说或聊QQ，这些都是自愿的事情。每个人都会去追求快乐，可是过于享受又会让你丧失前进的动力，无法实现自己的梦想。

如果爬一座小山，可以用散步的心情一边欣赏风景一边爬上去，不需要付出太多的努力；但如果要爬上泰山或黄山，即使你非常自愿自觉去爬，也会爬得气喘吁吁、汗流浃背，尽管景色很美，有的人可能就会中途放弃；如果要爬珠穆朗玛峰，那就绝对不仅仅是自愿自觉的问题了，这需要你付出所有的精力、体力和耐力，需要你有坚韧不拔的意志和面对绝境的决心，还要做好付出自己生命的准备。

很多有成就的人，也许开始是出于爱好兴趣自愿去做，但更多人开始就不是自愿自觉而是不得不去做的，之所以他们做出成就了，是因为到了后来都是坚韧不拔的勇气和意志开始越来越占上风；自己对自己的承诺，别人对自己的期待，使自己不得不努力前进，不断突破自己的局限。

这使我想起了一位游泳奥运冠军接受采访时说的话：你知道我身上有多少伤痕吗？小时候只是因为喜欢游泳，但后来整整10年就是为了奥运会的那一刻。

与其羡慕别人，逃避问题，还不如自己延迟享受，学会坚持，现在还不是你流泪的时候，你的感动和泪水是留给成功那一刻的。

魔法四：活在当下，让现在的行为具有未来的意义，学会设计未来。 活在当下，利用好现在便能为将来做更好的准备；而谁能够把自己的未来设计得更好，谁就能够取得生命的最佳位置。

很多同学都渴望有个好未来，所以你必须具备面向未来的眼光，不能浑浑噩噩的，对未来一脸茫然，更不要把时间浪费在了上网、玩游戏、打牌、聊天、看电视上面。

设计未来，心怀未来，并不意味着要大家放弃现在生活中的乐趣，也不是要求你为了未来，让现在的行动变得苦不堪言。你要明白两点：

一是你现在做的事情是你喜欢做的事情，或者通过努力变得喜欢做的事情。 比如说你喜欢读书，读书本身就是一种享受，同时"开卷有益"，读书能增长我们的智慧，提升我们的眼界，帮助我们更好地规划未来，所以要多读书。

二是现在做的事情能够和未来你生命中某一个更有意义的时刻挂钩。 比如说你努力学习，尽管很辛苦，但动力之一就是能够进入好大学。如果未来某一个有意义的时刻必须以现在的痛苦为代价，而你认为付出这种代价是值得的，那痛苦就会变成一种可以忍受的东西，甚至可以从中培养出坚韧不拔、永不放弃的精神来。

魔法五：拒绝逃避，不做逃兵。 逃避解决不了问题，你闭上眼睛并不意味着别人消失了，看着问题，把它一点点地分解，你会找到办法的。

魔法六：不要动不动就挂起 QQ、聊微信。 首先，我强调每个人一定要利用互联网，但不建议你时刻带着手机，挂着 QQ 和微信。以前做讲座，我会留下 QQ 或群号，自己也建立了一些 QQ 群，然后我发现很多同学有挂 QQ 的习惯。不少同学告诉我，只是挂着不聊天，但是你总会时不时看看，有时候不是你自愿的，而是你下意识的习惯，一旦你遇到问题时，你的逃避心性会让你直接开始聊天。更要命的是，聊天一定会分散你的注意力，我对很多同学说，凡是上课的时候与我聊天我一律不回复。

魔法七：不要盲从。别人学习我也学习，别人玩我也玩，别人上网我也上网，别人打游戏我也打游戏……跟随别人是为了不落伍吗？你有没有想过，如果你不加思考地追随着别人，那是在浪费自己的精力、时间和生命。我知道很多同学在模仿别的同学，结果人家进步了，你始终在原地踏步！希望我们能在做事情之前，冷静思考一下其中的意义。

其实，太多人盲从于别人的选择：别人上大学，我们也上大学；别人出国，我们也出国；别人学电脑，我们也学电脑；别人学英语，我们也学英语；别人报课程，我们也报课程……不要看别人做什么，而是想想别人为什么这么做，在这个不断变化的时代，你在迈出自己的脚步之前，要先提醒自己：不要盲从！

魔法八：寻找生命中的危机感。和平年代不是没有危机，看不见的危机往往是最大的危机。全球化下，我们不再是一个县、一个市、一个省、一个国家的概念了，外来的"和尚"也在跟你抢饭碗！父母不会养活你一辈子的，想想自己有什么能力应对这些，需要做些什么，需要学习什么。

魔法九：把自己的时间安排得紧凑些，劳逸结合，把学习和其他事情结合好。把时间完全放在学习上，效率并不见得高多少，我个人觉得最重要的是学会投入做一件事，玩的时候投入玩，学的时候专注学。

魔法十：多和优秀的同学或朋友交流，学习他们身上的优点。多和朋友交流，他们会给你很多启发，尤其和优秀的同学或朋友相处会使你受益良多；你可以学习他们身上优秀的地方，可以互相监督、互相鼓励、共同进步。

Part

five

迷茫的未来，我该何去何从？

儿时的我们都曾有梦想，可随着年龄的增长，梦却变远了，甚至不敢再做梦。未来不是梦，可是连梦都没有的未来会是什么样？你可曾写出过自己的梦想？你还愿意再带着梦想上路吗？一艘没有航行目标的船，任何方向的风都是逆风，你的船会驶向哪里？一个明确自己前行方向的人，自然会想方设法找到前进的道路。请记住丘吉尔的名言："我没有路，但我知道前进的方向。"

第一章

莫让自己蒙着眼睛走路 —— 目标

遗失的梦想，迷茫的目标

小时候，我渴望长大后做一名飞行员，因为在天空俯视大地的感觉是那么棒。随着年龄的增长，我发现成为飞行员并不容易，儿时的梦想，已不那么强烈。后来我又想做一名医生，然而，医生也不容易，读医学要 5 年——好长。父母告诉我学计算机好找工作，我也看到计算机程序员设计出来的东西真是太棒了——我的梦想似乎又变了。梦想可以变化吗？这样会不会像课文中的"猴子掰玉米"，到最后一个也实现不了？其实，我很怀疑，这些是我的梦想吗？如果不是，我的梦想又是什么？假如我找到了自己的梦想，我能实现它吗？

你知道自己要什么吗?

儿时，我们天真烂漫，有各种各样的想法：想当科学家，想当画家，想当医生，想当司机……总之，我们接触过的、向往的东西，成了我们的梦想；为了这些梦想，那时的我们很开心，甚至还郑重其事地对父母、别人或者天空，大声说"我一定要成为……"

你还记得当初的梦想吗？时过境迁，当你慢慢长大，还坚定那时的梦想吗？过去我在做讲座时，经常做关于梦想和目标的测试，当我问同学们有没有梦想时，绝大多数同学都告诉我说他们有；当我问及这个梦想还是小时候的梦想吗，绝大多数人说不是了，只有少数人说是；当我让大家举手分享自己的梦想时，却没有人敢站起来，都在四处张望看谁举手。终于，有同学勇敢地站起来，磕磕绊绊地说出了自己的梦想，于是，其他同学也开始举手，但我却停止了分享。

为什么拥有梦想，却不敢说出来？为什么要等别人、看别人？我知道很多同学在积极踊跃上做得不好，大部分同学喜欢等，看别人做了自己才做，等别人尝试了自己再尝试。殊不知正因为这样，你才错失了很多机会。在你等的过程中，你心中的梦想也变得越来越脆弱，它还能经历风雨吗？

有没有认真地写过这样的作文：《我的志愿》《我的梦想》《我的未来是……》？如果写过，是否还保留着？还记得当时写了什么吗？很多同学都是为了应付老师，仅仅把它看作一份作业，写完就忘记了，脑子里根本就没有留下什么!

在过去十几年里,让我记忆特别深刻的是,在《学会自己长大》最初写作时,《新文化报》上一则新闻让我很震撼,一个13岁的男孩高考654分,同时被北京大学(以下简称为"北大")和北京航空航天大学(以下简称为"北航")录取,但他却执意要上北航。

孙天瑞,1996年6月30日出生,2009年毕业于长春市第二实验中学。6月21日,高考成绩出来了,他得了654分,这时离他13岁的生日还有9天。

成绩一出来,孙天瑞的爸爸孙峰就赶紧跟各高校在长春市的招生组联系。北京航空航天大学表示非常愿意录取这个孩子,同时北京大学也表示可以录取他。

在选择大学这方面,孙天瑞第一次和爸爸出现了分歧。在孙天瑞就读的高中教英语的孙爸爸希望儿子上北大,因为毕竟北大的名气要"更大一些"。但孙天瑞坚持要上北航,因为北航保证他可以学习飞行器动力工程专业——可以专门研究飞机的发动机,这是孙天瑞特别喜欢的。

最后,还是爸爸向儿子"屈服"了。

即使现在看到这则新闻你会怎么想?天啊,13岁参加高考居然考了654分,真厉害,天才啊!13岁时,我还在念初一,我想大多数同学在13岁时也是读初中吧。也许你会羡慕和赞叹,孙天瑞真是个神童。但是,让我感到惊诧的则是新闻中在学校选择问题上的父子争论。北大与北航都同意录取这个孩子,父亲觉得北大"名声大",决定让儿子报北大,但孩子坚持报北航,原因是"北航保证他可以学习飞行器动力工程专业——可以专门研究飞机的发动机,这是孙天瑞特别喜欢的"。

我在北大读书时认识一个师妹,她16岁参加高考,考了702分,就读于光华管理学院——当时北大最好的学院。我们认识时她19岁,已经读大三了。在你眼里是不是又是一个小天才?可是,她却有自己的迷茫,高考时她没有想过未来的专业是什么，将来自己要做什么，甚至那时的她对自己未来的路也还在摸索中。两相比较，都是那么优秀，不同的是一个早早地就知道了自己想要的，一个还在摸索中。

我为孙天瑞的见地与坚持感到震惊：一个13岁的孩子，竟然明确知道自己喜欢什么，明确知道自己要什么，更能为了自己的追求义无反顾地抛弃在别人看来光鲜诱人的东西，这多么难能可贵！套用一句广告语："只要你知道自己去哪儿，全世界都会为你让路。"——13岁的孙天瑞做到了。

谈论未来时，大家说得最多的词是什么？迷茫！看看吧，高考后很多同学不知道自己想读什么专业，更谈不上喜欢了；毕业后很多同学不知道自己喜欢什么工作，而现实又逼着我们向前走，我们总要学点什么、干点什么，于是稀里糊涂地就上路了，走来走去，却不知道自己要去哪儿。蓦然回首，顿时迷惘了……

你是否有同感呢？如果你明确知道自己要做什么，那么恭喜你！坚持下去，迟早会成功的，你最终会迎来属于自己的"怒放的生命"！如果你还在迷茫之中，那么你该好好想想了。

好吧，现在先停下来，好好思考下你想要什么，你的梦想是什么？（见表5-1）

表 5-1　梦想思考表	
问题	你的行动
1. 你有梦想吗？	假如有，你还记得它是什么吗？是否写在了纸上？如果没有书面的叙述，请拿出纸，写这样的题目《我的梦想是……》。
2. 你为什么会有这样的梦想？	既然你有了梦想，请拿出纸，写出来为什么会产生这样的梦想，什么原因让你产生这样的梦想。
3. 你的梦想是否改变过？	当你拥有自己的梦想后，是否改变过自己的梦想，如果改变过，请写出改变的原因。然后，请回答一个问题：对于新的梦想你是否会再改变？
4. 你觉得什么会阻碍你实现梦想？	拿出纸，写出你能想到的阻碍你实现梦想的所有因素。

在今天，你可以通过 B 站、小红书、抖音，也可以通过大学公开课了解一个专业，还可以通过和前辈交流或者实践活动了解一个行业。为了更好地完成你的"梦想思考表"，我建议你和父母一起，搜集更多的信息，让自己对未来的思考更清晰。我衷心地希望你能够找到自己的梦想，然后坚持下去，为之奋斗！

梦想不是直线

　　在成长的过程中你可能会经历这样的阶段——不知道自己擅长什么，不知道自己想要什么，所以只会听从家长或朋友的意见来确定自己的人生方向。但我告诉你，那是别人的，而不是自己的愿望和梦想。

　　并不是每个人一开始都能找到自己真正的梦想，绝大多数同学开始的想法并不成熟，中学阶段的想法跟大学或工作时也不一样。甚至，大学毕业工作了几年后又发现自己并不适合那份工作，自己真正想做的是另一行。

　　从出生开始，我们便按照别人尤其是父母的想法成长，梦想一开始也带有强烈的他人色彩，这些想法不一定是错误的，而且绝大多数是正确的。在这些想法、观点的影响下，你开始成长为他们想象的那个"人"。随着个人成长，一旦你找到了自己真实的梦想，明白自己真正想做什么时，你便发现自己的动力超越了以往所有的时候，效率也是最高的。

　　大多数人的梦想并不是自己真实的梦想，甚至有人活了一辈子都是在为别人的梦想而努力。所以，你也不必为了不断变换的梦想而发愁，只要你选择了这些梦想，就要认真努力地行动，虽然这些梦想不是你真实的梦想，但是，它们都会帮你找到真实的梦想。梦想绝不是一条直线，假如你一开始就找到了为之奋斗一生不改变的梦想，那你真是太幸运了，你所做的所有事情就是坚定不移地行动，去实现它。

　　但并不是每个人都可以实现自己的目标，从现实生活中看，很多人都没有实现自己的目标，这是为什么呢？下面我列出一些可能的原因，你思考一下自己是否存在类似情形。

原因一：目标太多太杂没有优先顺序，东做一个，西做一个，结果哪个都没做好，你需要瞄准最需要做的目标，竭尽全力去实现。

原因二：不明确自己的目标。不太清楚自己为什么要设定这个目标和计划，不明白实现这目标对自己意味着什么，也即，不明白目标对自己的意义。

原因三：目标没有书写出来，仅仅在自己的大脑中，结果想起来了就做，想不起来就不做，你需要把目标写出来，天天甚至时时刻刻都能看到。

原因四：别人不知道你的目标，即使自己实现不了别人也不知道，你应该让别人知道你的目标，同时，找到合适的监督者和考核者，如果完成不了自己的目标，需要制定一些惩罚措施。

原因五：得不到别人的支持。不要做独行侠，正所谓一个好汉三个帮，你需要别人的帮助。

原因六：没有定期检查和评估自己目标的进度。

原因七：遇到困难就退缩甚至放弃自己的目标，缺乏坚持到底的决心。

原因八：没有制定出自己的核心目标。

原因九：目标不合理。

我很喜欢这句话："如果你把每一天都当作生命中最后一天去生活的话，那么有一天你会发现你是正确的。"你有没有每天早晨面对镜子问自己："如果今天是我生命中的最后一天，我会不会完成我今天想做的事情呢？"假如你得到的答案连续多次都是"不"的时候，我想你需要改变一些事情了。

实现你的梦想，需要舞台，我们看看你实现自己梦想的舞台是什么吧（见表 5-2）：

表 5-2　梦想实施表	
步骤	搭建梦想的舞台
步骤一：你觉得自己能实现梦想的优点有哪些？	构建梦想的舞台，需要你了解自己有利于实现梦想的优点，请拿出纸，写出这些优点。
步骤二：你觉得实现梦想需要什么样的帮助？	实现你的梦想，你觉得是否需要别人的帮助，要别人帮助你做什么，请在纸上写出来。
步骤三：你觉得实现自己的梦想你需要做什么？	实现你的梦想，你觉得自己需要在哪些方面，做哪些努力，请在纸上写出来。
步骤四：你觉得实现你的梦想需要怎样的时间规划？	实现你的梦想，你觉得需要多久，你有什么样的时间安排，请写在纸上。
步骤五：实现梦想你需要怎样施行？	实现梦想，搭建自己实现梦想的舞台，需要不断地重复步骤一至步骤四，直至具备了所有实现梦想的条件、能力和机会。

准备赢得一切

　　过去，我们只是顺其自然地在学校学知识，考的分数高就进入更好的学校，而自己对未来的学校基本上没什么概念，也没有人规划那么长远。然而，现在和未来，我们已经不再是自然成长了！比如，很多同学渴望考上名牌大学，可是你知道名牌大学有多少种录取方式吗？起码超过十几种方式！而每一种录取方式都有其能力和条件要求，这些并不全是在高中才能具备的，有一些需要在初中就开始做准备。虽然现在信息已经很发达了，可信息差依然影响了绝大部分人，更要命的是，很多同学压根就没有用心思考这些。机会是留给有准备的人的，不管你在小学、初中还是高中，一定要有大学的目标意识，提前了解，有针对性准备，才能提高被录取的概率。

　　在今天要想考上好大学，需要把初中和高中联动起来，做整体规划了。过去我们很少关注大学，了解的通道比较少，现在则可以很方便地通过网络获得信息。但我们主要是为如何进入大学下功夫，很少思考要不要为大学做准备，要为大学做什么样的准备。

　　无论你上的高中多么有名，你的表现如何优秀，你都有可能没有为将来面临的竞争做好准备。大学里的老师明白这样一件事：有些高中的"尖子生"在大学的学习中会有困难，而有些在高中学习不那么拔尖的学生反而在大学里表现很突出。无论如何，要想在大学获得好成绩，就和高中单纯的学习不同，需要考虑多方面因素。

在高中，你处于被管理的状态，老师把你的时间安排得满满的，恨不得你所有的时间都用在学习上，可是到了大学是完全不同的环境，老师不会管这么细，一切都要你自己安排，大学的课程安排得也远没有高中那么紧张，除了必修科目，你可以选择一些你感兴趣的选修科目，拿到选修科目的学分。

大学和高中一样，也有名牌学校和一般学校的划分。在我看来，一流的大学，除了有一流的师资、一流的生源外，最重要的是拥有非常好的学习氛围，在这样的大学里，你总是能看到别人身上的闪光点，他们会激励你继续前进。高考结束，新生入学后，经常会有些学生（主要是一般本科的）给我留言，抱怨学校的事情，在学校感觉无所事事，感觉大学跟高中没什么区别，不知道要学些什么了。为什么会出现这种情况？因为你已经习惯于被别人管了，自己做主、自己主动学习的能力比高中退化了很多。说实话，在比较一般的大学，你如果想有所成绩就必须靠自己，自己得主动起来。譬如，有些学生学习经济管理，觉得学校就那几门课，真没什么学习的，他们真是大错特错，经济管理是一门很注重实践的课程，如果要想学好，不仅要注重书本，更要注重自我管理学习，注意社会经济动态，要和社会挂钩，你需要学习的东西远远超过书本。

更重要的是，大学并不仅仅是书本的学习，你需要花费更多的精力在你的协作、沟通、实践能力上，兼职工作、学生会活动这些都是锻炼的好场所。在高中，除了学习不会要求你别的，即使你的人际关系一塌糊涂，只要学习好，别人也不会说什么，毕竟高中是学习成绩第一，可是到了大学则是不同的，因为毕业后你可能要走向工作岗位，在工作中非常重要的就是协作能力、沟通能力。

其实，你大可不必着急，在高考后有两个月的时间，这段时间你完全可以用来了解大学，设计你在大学的生活。我建议，在暑假有机会的可以去一些名牌大学参观下，找一些大学的前辈交流，同时，也可以利用这两个月看一些在大学如何精进的书籍或经验，学一两个在大学用得到的技能，一旦你有了新的目标，就会产生奋斗动力。

未雨绸缪，准备会为你赢得未来。

制定目标的精灵法则

找到自己的梦想不是一件容易的事情，确定终生要做的事情，更是难上加难，但不要刻意为自己的终生设定目标。梦想就如金字塔，需要我们广泛接触然后慢慢缩小，最后确定终生目标。大目标难确定，但阶段性目标并不难。最重要的是，如何制定目标，制定目标要遵循什么原则，我们是必须清楚的（见图5-1）。

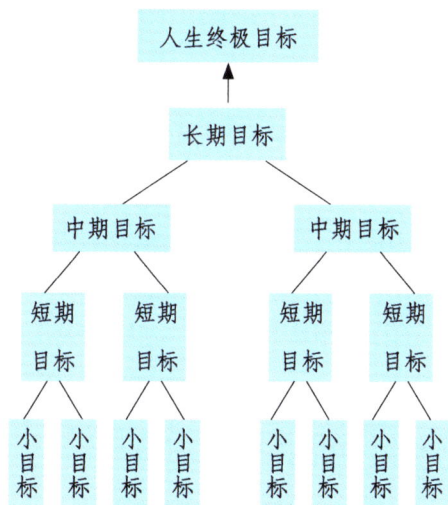

图 5-1　制定目标示意图

制定一个好的目标，需要遵守精灵法则，所谓的精灵法则就是 SMART 原则（见图 5-2）。

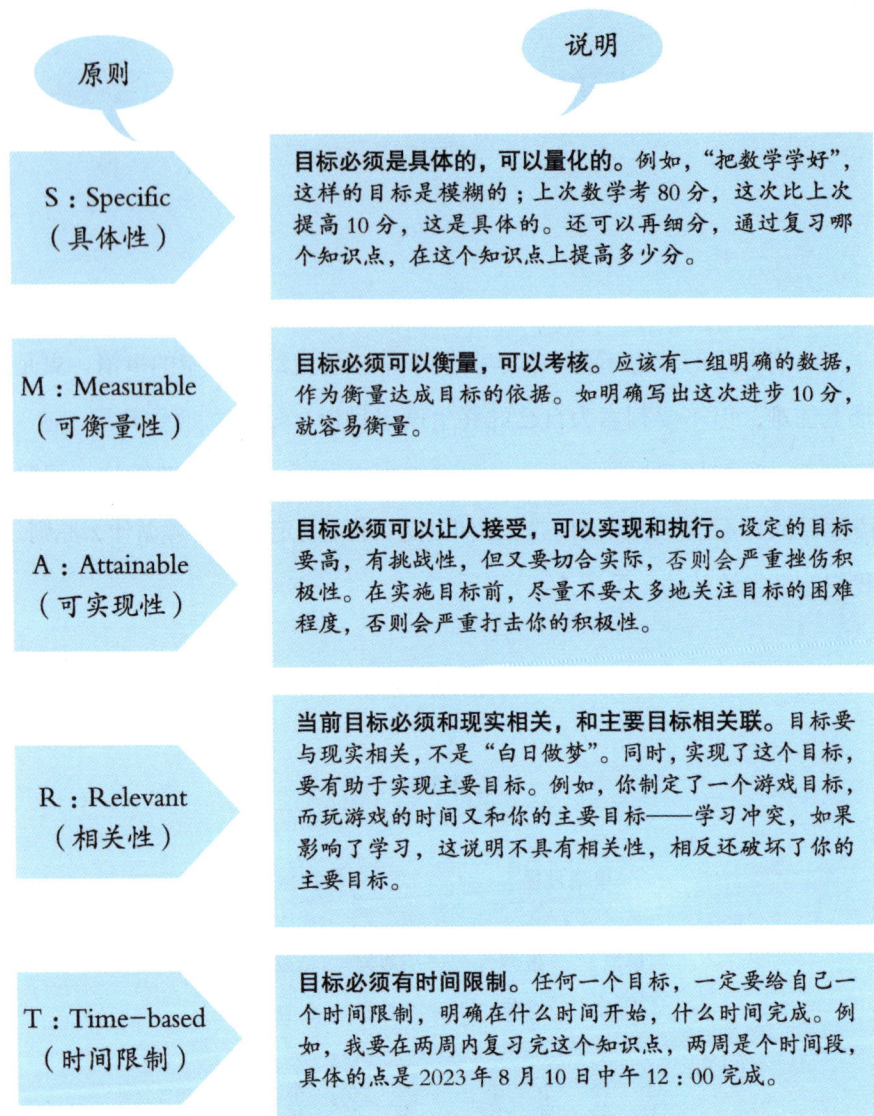

原则	说明
S：Specific（具体性）	**目标必须是具体的，可以量化的。**例如，"把数学学好"，这样的目标是模糊的；上次数学考 80 分，这次比上次提高 10 分，这是具体的。还可以再细分，通过复习哪个知识点，在这个知识点上提高多少分。
M：Measurable（可衡量性）	**目标必须可以衡量，可以考核。**应该有一组明确的数据，作为衡量达成目标的依据。如明确写出这次进步 10 分，就容易衡量。
A：Attainable（可实现性）	**目标必须可以让人接受，可以实现和执行。**设定的目标要高，有挑战性，但又要切合实际，否则会严重挫伤积极性。在实施目标前，尽量不要太多地关注目标的困难程度，否则会严重打击你的积极性。
R：Relevant（相关性）	**当前目标必须和现实相关，和主要目标相关联。**目标要与现实相关，不是"白日做梦"。同时，实现了这个目标，要有助于实现主要目标。例如，你制定了一个游戏目标，而玩游戏的时间又和你的主要目标——学习冲突，如果影响了学习，这说明不具有相关性，相反还破坏了你的主要目标。
T：Time-based（时间限制）	**目标必须有时间限制。**任何一个目标，一定要给自己一个时间限制，明确在什么时间开始，什么时间完成。例如，我要在两周内复习完这个知识点，两周是个时间段，具体的点是 2023 年 8 月 10 日中午 12：00 完成。

图 5-2　SMART 原则及说明

　　目标有时不一定能帮你进步，因为你制定的目标可能存在问题，出发前你一定要确保你的方向——目标没有问题，如果你的目标不符合"精灵原则"，那赶紧修改一下吧！如果你有了清晰明确的目标，你最终也会有好的策略；如果你没有清晰明确的目标，那你也就不可能有好的策略。

同时，也不要抱怨自己的目标小，有时当你实现了小目标，大目标就会出现。就像小溪、小河开始不知道往哪里流，只是往低处流（顺应地势），但流着流着就成了大江大河。我们制定目标也是如此，只要对自己来说是种进步就好。

记住，不管你想什么，确定那是你所想的；不管你要什么，确定那是你想要的；不管你感觉如何，确定那是你所感受的。我们都在选择，问题是，你是选择让自己离梦想更近一些还是更远一些。

书写的力量

你可能有过这种经历：一旦受了触动，就开始下决心去努力，刚开始还很兴奋很有动力，可是没过几天，当这种兴奋的感觉渐渐失去的时候，就渐渐失去了毅力，就又回到原来的生活轨道上，原来制定的目标就慢慢淡忘了。

为什么会这样呢？最大的原因就在于你不能每天温习自己的目标。做不到这一点，你就容易失去初期的兴奋感，你的行为也会渐渐偏离目标的指引，你的计划也就难以继续进行下去。

俗话说："好记性不如烂笔头。"你的头脑远没有想象的那么可靠，很多同学经常会忘事，比如出门才想起忘记带书或文具了，时常有东西找不到了……

美国有一份调查报告显示，只有大约 3% 的成年人拥有明确的书面目标，跟那些受过同等教育和具有同等能力或者甚至获得更好教育和具有更强能力但从不花时间确切地写出他们希望达到的目标的人相比，拥有明确书面目标的人取得的成就是他们的五到十倍！

奥运会男子十项全能冠军布鲁斯·詹纳曾经询问十几个有希望拿到奥运奖牌的选手，有谁写过自己的目标清单。令人欣慰的是每个人都举起了手，可当詹纳又问有谁随身带着那张清单时，却只有一个人举起了手。这个人是丹·奥布莱恩，他也是在 1996 年亚特兰大奥运会上，赢得了当年男子十项全能金牌的人！

写出来是一个自我承诺的过程，书写的过程不仅仅是写到纸上还是写到心上。一个想法、计划或梦想，可能只是你头脑产生的一个闪念，如果不及时写下来，过后你就会将它抛在一边，不再回视，不再进一步思考它，最终的结果就是，再好的东西，也会像你抛弃它一样毫不在意地将你抛弃。

所以，请记住：写在纸上的目标具有能量！同时，随身携带着自己的"能量"，时不时地看到，会让你更聚焦！

符合"精灵原则"和"W 原则"的例子（如图 5-3）：

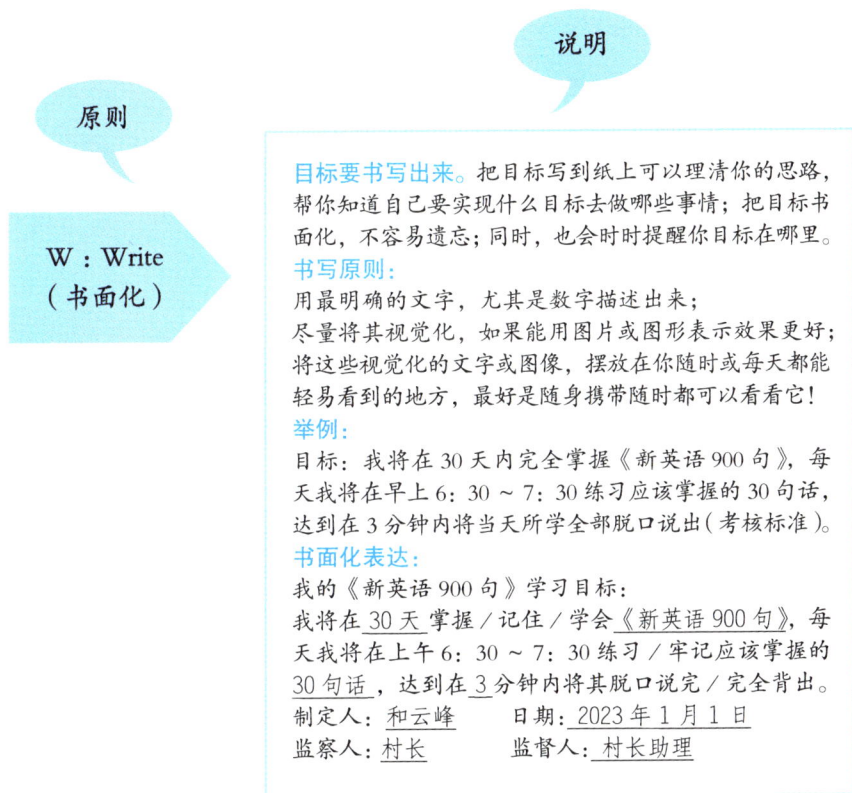

说明

原则

W：Write（书面化）

目标要书写出来。 把目标写到纸上可以理清你的思路，帮你知道自己要实现什么目标去做哪些事情；把目标书面化，不容易遗忘；同时，也会时时提醒你目标在哪里。

书写原则：
用最明确的文字，尤其是数字描述出来；
尽量将其视觉化，如果能用图片或图形表示效果更好；
将这些视觉化的文字或图像，摆放在你随时或每天都能轻易看到的地方，最好是随身携带随时都可以看看它！

举例：
目标：我将在 30 天内完全掌握《新英语 900 句》，每天我将在早上 6：30 ~ 7：30 练习应该掌握的 30 句话，达到在 3 分钟内将当天所学全部脱口说出（考核标准）。

书面化表达：
我的《新英语 900 句》学习目标：
我将在 30 天 掌握／记住／学会《新英语 900 句》，每天我将在上午 6：30 ~ 7：30 练习／牢记应该掌握的 30 句话 ，达到在 3 分钟内将其脱口说完／完全背出。

制定人：和云峰　　　日期：2023 年 1 月 1 日
监察人：村长　　　　监督人：村长助理

图 5-3 书面化目标图

目标要书面化，同时，最好能将实现目标自己该遵守的规则、目标实现后的奖励和违反规则后受到的惩罚——列清楚，让自己知道什么该做，什么不该做，会获得什么样的奖励激励，会受到什么样的惩罚。

工具：梦想记事本——记录你的梦想。梦想笔记本是一个记事本（可以是 A5、A7、B5、B6，建议是 A7 大小，方便携带），用来记录你想做的事情、将来的目标、人生的计划等，把记事本带在身边，并反复翻阅，如此一来，每天、每小时、每一分、每一秒都不会忘记你的梦想，并且朝梦想的方向前进。同时，还可以列出实现梦想所必需的事情。

记住哦：

看得见、摸得到的梦想才容易实现！

着手收集梦想，梦想将不断浮现！

列出实现梦想所必需的条件！

快要放弃梦想的时候，让记事本来提醒你吧！

七步确定和实现目标

昔日曹植七步成诗，今日我们七步成就目标，遵循这七步，可以大大提升学习效率，更快地提高学习成绩，获得学习上的进步。

第一步：确定你所要的东西——在你开始攀登成功之梯时，首先要确定这部梯子靠对了地方。你自己决定，或者坐下来同父母、老师和同学讨论你的目标和目的，直到非常明确你该做什么事情和做这些事的轻重缓急顺序。

第二步：写下来——先写在纸上再认真思考。把你的目标写下来后，你要逐步明确并使之具体化，这样便创造了你看得见摸得着的东西，它会时刻提醒你给你动力。另一方面，没有写下来的目标或目的只是一种愿望或幻想，它没有能量，会导致迷惑、含糊、迷失方向和无数的错误。

第三步：确定截止日期——为你的目标确定一个截止日期。没有截止日期的目标或决定就没有紧迫性，它没有真正的开始或结束，没有具体的截止日期确定或接受完成任务的具体责任，你自然会拖延，完成得很少。

第四步：列出实现目标需要做的事情清单——列出能想到的实现自己目标所必须做的每一件事。当你想到新的活动时，同你正在做的事情对比看是否有益于你的目标，如果有益就把它们加到你的清单中去，不断地往你的清单上加东西，直到完善。有了这张清单，你对学习任务或目的就一目了然，它使你有章可循，能大大增加你实现目标的可能性，因为你已经明确你的目标并且已经把它列到日程表上了。

第五步：把这张清单变成一项计划——根据轻重缓急顺序安排好你的清单。花几分钟时间考虑什么是你必须首先做的，什么是你可以晚些时候再做的。如果能在纸上列出一系列表格，使你的计划一目了然，那就更好。如果你把计划细分成一些单个的任务，你会感到惊讶，原来要实现你的目标是那么容易。有了写下来的目标和制订的行动计划，你就比那些把目标放在心里的同学更多产更有成效。

第六步：立即根据你的计划采取行动。一个被认真执行的普通计划，要比什么也没有做的宏伟计划好得多。你要获得学习进步，行动是关键，执行是关键。

第七步：每天都要下决心做一些能使你更接近目标的事情。把有利于你进步（尤其是学习进步）的事情列入你的日常日程表。如：读上几页跟主要目标有关的辅导书籍，问同学或老师几个不解的问题，学习一些外语新单词，做几道题，进行体育锻炼。总之，不要浪费每一天。

找到了目标，就要为目标行动下去，不断往前走。一旦开始行动，就要继续保持行动，不要停下来。

记住哦：眼前的自己虽然很渺小，但只要持之以恒地沿着自己所设定的目标前行，未来的你必将收获一种伟大！千万不要放弃目标，更不可低估了自己。

第二章

莫让自己陷入选择的误区——选择

我的前途谁做主

经常在QQ上看到这样的留言：

"和老师，我不知道怎么办，大家都说我做事没主见，我也发现了自己这个缺点。譬如，上次老师组织我们参加足球比赛，我一直很喜欢足球，可是，高中的学习压力很大，加上我又到了高三，参加比赛又不能给我加分，我报还是不报呢？我很犹豫决定不了，结果让爸爸拿主意，他说现在以学习为主，不要参加了。我最终没有参加，可是每次看到其他同学参加比赛的积极踊跃，那种激情投入，那种满足，我很羡慕。我居然发现他们回来后又都能精神抖擞地投入学习，我感觉自己的选择是错误的，我很后悔。类似这样的事情有很多，面对选择，我总是犹犹豫豫，即便选择了、决定了，也会考虑再三，大多数情况下常常感到后悔。这太痛苦了！"

"马上就要文理分科了，我很喜欢文科，可是爸爸和妈妈说文科出来了不好找工作，还是选择理科吧，可是我不太喜欢物理，我该如何选择呢？"

"高考结束了，头疼的事情又来了，我该选择什么学校和专业呢？和老师，你能给我一些建议吗？我不知道怎么选择学校和志愿。"

选择的痛苦：没有选择，还是选择太多？

在考试中，我们常常遇到选择题，其实，你的生活、学习犹如做选择题，有时是单选，有时是多选。面对单选，当你不知道答案时你很痛苦；可是面对多选，你知道有多个答案，却不知道选哪个，更痛苦。

有一个很有意思的现象：一场比赛过后，你认为是银牌获得者幸福呢，还是铜牌获得者更幸福？答案是铜牌获得者！参加比赛的选手都是为了得到一个好的名次，但是，银牌的获得者对金牌念念不忘，他不断在咒骂：就差 0.03 秒，你得到了金牌，我却只能屈居第二，我的运气怎么这么差？而铜牌的获得者却庆幸不已：仅仅因为这 0.03 秒，我站在了领奖台上，其他人什么也没得到。铜牌的获得者很幸福，因为他知道：比起第四名，他是一个成功者。幸福居然并不取决于事情的结果，而是取决于我们看问题的角度。

你遇到过这样的事情吧，当你买了一个东西后，再遇到卖此类东西时，你经常会再询问价格。为什么呢？你期望得到这样一个事实：你那时买的更便宜，这个东西现在还是比较贵，你买值了；可是多数情况并非如此。如同案例中的同学，自己选择了做一件事，可是事后又往往羡慕做别的事情的人，总觉得没选到的是好的。对于这样的同学，与其有选择，不如没有选择，至少前者是痛苦了一次，而他却是选择时痛苦选择后也痛苦——两次痛苦，真是不值得。

不知道如何选择的痛苦在于自己的能力不够，而多个选择的痛苦在于不知道如何舍弃，舍弃后又再为舍弃的事情后悔。有人说，人生不过是一连串的选择和决策的过程：从你早上起来要穿哪一套衣服出门开始，你就在选择；中午要去哪里吃饭，吃什么饭，你又在选择……正是你在生活中每个环节的选择和决策，塑造了你的人生，决定了你的成败。

在生活中，无论做什么，我们常常希望选择多一些，正所谓"货比三家"，但是选择多了就一定好吗？

心理学上有一个著名的效应，叫作"布里丹效应"。法国哲学家布里丹养了一头小毛驴，每天向附近的农民买一堆草料来喂。一天，送草的农民出于对哲学家的景仰，额外多送了一堆草料，放在旁边。这下子，毛驴站在两堆数量、质量和与它的距离完全相等的干草之间，可为难坏了。它虽然享有充分的选择自由，但由于两堆干草价值相等，客观上无法分辨优劣。于是，它左看看，右瞅瞅，始终也无法分清究竟选择哪一堆好。于是，这头可怜的毛驴就这样站在原地，一会儿考虑数量，一会儿考虑质量，一会儿分析颜色，一会儿分析新鲜度，犹犹豫豫，来来回回，结果在无所适从中活活地饿死了。

人们都希望得到最佳的抉择，所以常常在抉择之前反复权衡利弊，甚至犹豫不决。但是，在很多情况下，机会稍纵即逝，并没有足够的时间让我们去反复思考，需要我们当机立断，迅速决策。如果我们犹豫不决，就会两手空空，一无所获。

我们经常听人讲"赢在起点，赢得未来"，可是并不是每个人都能"赢"在起点。很多同学开始时未必学习就很好，可是经过了自己的努力，学习也变好了；很多同学没有考上大学，但在工作中通过自己的不断努力，也成就了自己的事业。也许现在的你还有各种各样的问题，也许现在的你没有好的起点，但这些都不重要，重要的是，在问题的转折点你会不会选择，敢不敢面对。

愚公移山还是移人？

我们曾经学过《愚公移山》这篇课文，你还记得这篇课文向你讲述的道理吗？它告诉我们这样一个道理：不怕艰难险阻，排除一切困难，坚持不懈，赢得胜利。这个道理一直激励了我很久，当我在大学给同学们讲《管理学》时，我忽然发现"愚公移山"的精神可取，方法却不对。

从科学角度看，愚公违背了科学规律，客观上不可能成功。"太行、王屋二山，方七百里，高万仞"，粗略计算，两山约合土石二百多万亿吨。愚公把土运到"渤海之尾，隐土之北"，每年只能往返一次，每次5吨，也要5000个100亿年。而科学家告诉我们，地球的寿命总共是100亿年左右，也就是说当人类都把家搬到了太空，愚公还不曾毁山之一角！

这当然是说笑，在这里我想让同学们先弄清楚一个事情，愚公为什么要移山？是为了走出去。假如你是愚公，面临这种情况，怎么选择？我们分析一下他有几种选择：第一种，就是移山，佛挡杀佛，山挡移山；第二种，等神仙帮忙，把阻挡我们的障碍去除，或者自己练就仙术，可以飞越过去；第三种，此路不通，还有其他通路，我总可以走出去，大不了全家搬走。你觉得哪种选择更容易实现你的目的？毫无疑问肯定是第三种！有句话说得好，方向比努力重要，正如本书前文讲过的，努力固然重要，但是选择错了方法，一样没有成效。

愚公移山还是移人？答案是移人。当你目标确定了，第一需要的是方法，然后，再是坚持！

变通，让你的目标更现实

有这样一个故事：

有一位青年大学毕业后，曾豪情万丈地为自己树立了许多奋斗的目标，可是几年下来，他一事无成，所以满怀烦恼地去找一位智者倾诉。

当他找到智者时，智者正在河边的一间小屋里读书。智者微笑着听完青年的倾诉，对他说："来，你先帮我烧壶开水！"

青年见墙角放着一个很大的水壶，旁边是一个小火灶，可是周围却没有柴火，于是便出去捡拾。

他在外面拾了一捆枯枝回来，从河里装满一壶水，放在了灶台上，堆放了些柴火便烧了起来。可是由于水壶太大，一捆柴火烧尽了，水也没有烧开。

于是，他跑出去继续捡拾柴火，等拾到足够的柴火回来时，那一壶水已经凉得差不多了。这回他变得聪明了，没有急于点火，而是再次出去捡拾了很多柴火，由于柴火准备得充足，一壶水不一会儿就烧开了。

这时，智者忽然问他："如果没有足够的柴火，你该怎样把这壶水烧开？"青年想了片刻摇摇头。智者说："如果那样，就把壶里的水倒掉一些！"

青年若有所思地点了点头。"你一开始就踌躇满志，树立了太多的目标，就像这个大壶装的水太多一样，而你又没有准备足够多的柴火，所以不能把水烧开，要想把这壶水烧开，你或者倒出一些水，或者先去准备足够多的柴火！"

青年顿时大悟。回去后，他把原来计划中所罗列的不切实际的目标一个个删掉，利用业余时间刻苦学习相关的专业知识，两年之后，他的计划目标基本上都实现了。

生活中充满了无数的诱惑、机遇，选择多了眼就花了、心就乱了、欲望也就膨胀了，因此什么都去抓，什么都想拥有，但结果是仅仅被机遇、好运撞了一下腰，什么都没有抓住。我觉得抓得住就是机会，抓不住那就是诱惑！就像故事里的青年豪情万丈设立了很多目标，给自己装了满满一大壶水。但在人生旅途上背负过重的包袱，又怎能快速攀登上成功的顶峰呢？

很多时候我们都希望自己能一次把水壶里的水烧开，其实，这样的想法往往让我们事倍功半，浪费了更多时间，却达不到目的。很多同学一下子定了很多目标，却又不清楚哪些目标先实现哪些目标后实现，即使这些目标都是对的，你的顺序出了问题，也不会让你更接近你的终极目标。更何况，有很多目标原本就不合理，所以，你要学会变通，及时修正那些不切实际的目标，选择出你现在最应该实现的目标。

一旦确定了正确的目标，做出了正确的选择，就不要患得患失，瞻前顾后，你需要有"放得下"的魄力。

放弃是一种智慧

孟子说过："鱼，我所欲也；熊掌，亦我所欲也，二者不可兼得；舍鱼而取熊掌也。"当你面临选择时，鱼、熊掌都是你想得到的，可是一箭双雕、一石二鸟的事情很少发生，你不得不选择其中一个，舍弃另一个。可是，很多同学却选择鱼与熊掌一起吃，多么理想啊，不仅吃着碗里的还看着锅里的，结果往往是鸡飞蛋打，飞了老鹰又跑了兔子。你的精力是有限的，同一个时间你不可能既学习又玩游戏。

很多同学听别人讲过"坚持一下，再坚持一下，成功就在坚持之后"，可是你们真的了解"坚持"吗？有很多同学把不明方向的固执当作了"坚持"，看看下面这个故事。

一对师徒走在路上，徒弟发现前方有一块大石头，他就皱着眉头停在石头前面。

师傅问他："为什么不走呢？"

徒弟苦着脸说："这块石头挡着我的路，我走不下去了，怎么办？"

师傅说："路这么宽，你怎么不会绕过去呢？"

徒弟回答道："不，我不想绕，我就想要从这个石头前穿过去！"

师傅："可能做到吗？"

徒弟说："我知道很难，但是我就要穿过去，我就要打倒这个大石头，我要战胜它！"

经过艰难的尝试，徒弟一次又一次地失败了。

最后徒弟很痛苦："连这个石头我都不能战胜，我怎么能完成我伟大的理想！"

师傅说："你太执着了，你要知道有时坚持不如放弃。"

执着是一种可贵而值得称赞的精神，可是，执迷不悟的固执，却是一种自欺欺人。因种种主客观因素制约难圆其梦，与其一意孤行地固执下去，不如正视现实，咬咬牙勇敢地放弃。明智的放弃，胜过盲目的执着。在通往成功的道路上，有了执着的精神，便有了双足不断前行的动力，但千万不要在道路的岔口，被不理性的风沙迷蒙了双眼，进入固执的死胡同而又不肯回头，这样就离成功越来越远。但是，你一定记住一点：有时候放弃是对的，但是放弃选择肯定是错误的！

只做你喜欢的事。

选择成就明天

从拿起这本书开始，你就面临一个又一个的选择、一个又一个的问题、一个又一个问题的分析，不论这些问题和你自身的情况是否一致，你都面临一个选择：自己是否要纠正这些问题？别人的知识不能自动地拯救你？问题也不在别人身上，操之在己，要不要行动呢？

也许，在读这本书之前，你还不停地抱怨老师对你不公平，父亲母亲对你不好。那从现在开始好好思考自己的原因吧，你需要做出一些选择：选择从自己身上动手解决问题，还是选择认定是别人的原因与自己无关；选择积极主动去改变，还是选择消极被动地适应别人的安排；选择有意义的人生目标为之奋斗，还是选择庸庸碌碌迷惘活下去；选择继续叛逆下去，还是选择宽容体谅父母；选择从现在开始立刻行动，还是选择看看别人再说。

心理学中有一个著名的效应——自我选择效应，它指的是什么样的选择决定什么样的生活，今天的生活是由 3 年前的选择决定的，而今天的选择将决定 3 年后的生活。一旦一个人选择了某一条人生道路，就存在朝这条路走下去的惯性并且不断自我强化。选择效应对人生的影响是巨大的，未来的生活完全取决于你今天的决定、今天的选择。

在学习和生活中，你总会遇到困难，遇到挫折，也许，别人可以帮你一把，但是，最重要的还是在于你自己，没有人能够不断拖着你让你前进。在成长的路上，有一个东西会成为你的动力——热情。选择不是被动地接受，而是主动地迎接。选择积极，远离消极，让热情注入你的行动中吧。

你不得不做各种各样的选择，你也渴望未来成功，我给你一些选择的建议：

当他人怀疑时，去相信。

当他人嬉戏时，去规划。

当他人昏睡时，去学习。

当他人犹豫时，去决定。

当他人空想时，去准备。

当他人拖延时，去行动。

当他人翘盼时，去工作。

当他人浪费时，去节俭。

当他人说话时，去倾听。

当他人皱眉时，去微笑。

当他人批评时，去赞美。

当他人放弃时，去坚持。

每个人都是自己命运的设计师，每个人又都是自己命运的建筑师。正如本书一直传达给你的思想——认清楚你自己，自己是一切的根源，操之在你，未来你会如何，都在于你今天的选择、你当下的努力。

Part

six

如何成为更好的自己

没有谁渴望成长为更差的自己，成长的目的就是成为更好的自己！不要担心不知道怎么办，我们最大的问题是渴望速度，恨不得一下子就变好，没有太多耐心从而无法坚持下去。而且，成为更好的自己不是不知道做什么，而是有太多事儿能让自己成长进步，结果我们反而不知道做什么了。不过不要紧，接下来你会知道怎么做。

方向
一

自己是一切的根源

改变别人不如改变自己

在英国威斯敏斯特教堂地下室里，英国圣公会主教的墓碑上写着这样一段话：

在我年轻的时候，我的想象力没有任何局限，我梦想改变这个世界。当我渐渐成熟的时候，我发现这个世界是不可能改变的，于是我将眼光放得短浅了一些，那就只改变我的国家吧！但是后来我发现，我的国家似乎也是我无法改变的。

当我到了迟暮之年，抱着最后一丝希望，我决定只改变我的家庭、我亲近的人，但是，他们根本不接受改变。

现在临终之际，我才突然意识到：如果起初我只改变自己，接着我就可以依次改变我的家人。然后，在他们的激发和鼓励下，我也许就能改变我的国家。再接下来，谁又知道呢，也许我连整个世界都可以改变。

无论是父母还是孩子，都渴望别人改变，或者改变别人，可是否想过改变自己？一旦出了问题，我们总喜欢给自己找些借口，似乎只有改变了别人或别人改变了，这个事情才可以解决。譬如，看到城市中闯红灯现象，经常有人抱怨"现在的人啊一点秩序都没有"，可结果他自己也加入了闯红灯一族。总有人抱怨别人的素质差，可自己呢？我们似乎总愿意抱怨周围的环境如何不好，可是我们也是环境的一员。我们总渴望这个环境被改变，渴望其他人能够改变自己不好的一面，可结果总让人失望。假如每个人都约束好自己，都试图努力改变自己，那么岂不是整个群体也改变了？不要总是想着改变别人，假如自己做得好，你就可以影响别人。不要轻视了自己的力量！

很多问题，主要原因还是在自己身上，你需要从自己身上找原因。父母责备你，你也不要总觉得父母在故意找碴，故意跟你过不去，他们也不是无理取闹的人，要想想自己身上的问题。不要总是从别人身上找原因，也不要总是想着改变别人，其实改变了自己就可能改变别人。与其改变世界，不如先改变自己，改变自己的某些观念和做法，以抵御外来的侵袭。当自己改变后，眼中的世界自然也就跟着改变了。我很喜欢下边几句话，送给你：

也许你不能左右天气，但你可以改变心情；

也许你不能改变容貌，但你可以展现笑容；

也许你不能控制他人，但你可以掌握自己；

也许你不能预知未来，但你可以把握今天；

也许你不能事事如意，但你可以事事尽力；

也许你不能每战必胜，但你可以竭尽全力；

也许你不能决定生命的长度，但你可以拓展它的宽度。

别为自己设限

　　美国著名心理学家塞利格曼做过一个经典的"习得性无助"实验，他把狗分为两组：实验组和对照组。

　　试验情境一：先把实验组的狗放进一个笼子里，狗无法从此笼子里逃出来。笼子里安装有电击装置。试验开始后，给狗施加电击，电击的强度能够引起狗的痛苦，但不会伤害狗的身体。实验者发现，狗在刚开始被电击时，拼命挣扎，四处乱窜，大声狂叫，想逃脱这个笼子，但经过数次努力发现仍然无法逃脱后，狗的挣扎程度逐渐降低了，以至于后来无助地趴在地上，不再挣扎，默默地忍受着电击带来的痛苦，原来洪亮的狂吠也变成了低声的呻吟。

　　试验情境二：随后，实验者把这只狗放进另一个笼子——由两部分构成，中间用隔板隔开，隔板的高度狗可以轻易跳过去。隔板的一边有电击，另一边没有电击。当把经过前面实验的狗放进这个笼子时，实验者发现狗除了在刚开始很短的时间内惊恐之外，此后一直卧倒在地上接受电击的痛苦。这只狗完全有能力跳过隔板避开电击，但是，它没有做任何逃离和挣扎的行动。

　　试验情境三：实验者把对照组中的狗，即那些没有经过情境一的狗，直接放进情境二那个笼子里，却发现这些狗不费吹灰之力就都能逃脱电击之苦，轻而易举地从有电击的这边跳到没有电击的那边。

这就是经典的"习得性无助"实验。当你发现无论自己如何努力，无论自己干什么，都以失败告终时，就会产生一种放弃的想法，觉得自己控制不了局面了，即使再努力也可能无法解决问题，于是，精神支柱瓦解，斗志随之丧失。这是一种典型的自我挫败思维，是一种自我设限。我想，你肯定听过类似这样的声音："我不行！""我不是这块料！""我就是学习不好！"……

学习和生活中，很多同学曾经洒过辛勤的汗水，但无论怎么努力，仍然常常失败。一次次的失败，导致他们对此做出了不正确的归因，认为自己天生"愚蠢"、能力不强、不是学习的料，因而主动地举起了白旗。

其实，在很多目标面前，我们常常不是因为事情难以做到，才失去了信心；而是我们失去了信心，才导致了最终的失败。

塞利格曼的实验并没有结束，他与同伴又把实验组的狗放到有隔板的笼子里，用手把这些不情愿动的狗拖过来拖过去，越过中间的隔板以逃避电击。结果发现，一旦狗发现它们的行动对逃避电击是有效的，这个"治疗"就百分之百的有效了。原来，通过学习可以消除曾经习得的无助。

有这样一个故事，也说明了"习得性无助"这一实验的道理：

在一座无人居住的房子外，一只鸟儿每日总是准时光顾。它站在窗台上，不停地以头撞击玻璃窗，每次总被撞落回窗台。但它坚持不懈，每天总要撞上十来分钟才离开。人们猜测这只鸟大概是为了飞进那房间。然而，在鸟儿站立的窗台边，另一扇窗户是大开的，于是人们便得出这样的结论：这是一只笨鸟。后来，有人仔细观察发现那玻璃窗上粘满了小飞虫的尸体，鸟儿每次都吃得不亦乐乎！人们怎么也没有想到鸟儿有如此独特的觅食方式，而人类总是按照自己惯常的思维方式去评判鸟儿的世界。

在学习和生活中，一旦我们形成了某种固定观念，就会束缚住自己的手脚，限制住自己的思维，形成可怕的思维偏见、思维定式，成为我们认识事物的障碍。

请记住：你过去的知识、过去的经验决定了你的思维方式；

你的思维方式决定了你看人的角度；

你看人的角度决定了你对人的判断；

你对人的判断又决定了你对人的态度；

你对人的态度又影响了别人对你的反馈；

而别人的反馈又进一步确认了你一开始的那个判断。

拥有积极的态度

你的行动会影响他人的反应

先给大家分享一个故事：

我们家小家伙是个精力旺盛又调皮的男孩子，他在读二年级下学期时，每天放学后都会跑到楼下跟小朋友玩儿，每次回来都弄得一身脏。有天下午，他和妈妈约定好要在下午五点前回家，五点前我提醒了他一下，结果到了五点半他还没有回去。我给他手表打电话，再次提醒他赶紧回去，并告诉他：已经晚点了，妈妈肯定要生气的，回到家应该采用积极的做法：先给妈妈道歉，然后，洗手，换下脏衣服，赶紧在纸上写出接下来的学习安排，先搞定学习，再做其他！

结果，他七点钟才到家，到家后，脱完鞋也不洗手就窝在沙发上吃东西了。后果可想而知了，他被妈妈狠狠收拾了一顿！

你有没有过这样的经历？当时你怎么处理的？从我儿子身上可以看到，糟糕的事情发生了，原本可以采用更积极的方法，主动站在妈妈角度思考问题，主动做正确的事情让妈妈不发火，但他采用了消极被动的错误方式，结果大家也看到了。

在学习和生活中，我们会面对很多问题，这时采取的态度和方法不同，结果就会大相径庭。

从上述例子，我们可以看到，别人的反应你没法控制，但采取什么样的行动是你可以控制的，恰恰是你的行动影响了别人的反应。每个人都有内外两个圈——内圈是能控制的范围，外圈是无法控制的范围。比如我们的态度、选择及对事情的反应，都是可以控制的，属于控制圈范围；而例如别人做什么反应、出行交通状况等，都是我们无能为力的，属于无法控制的范围。

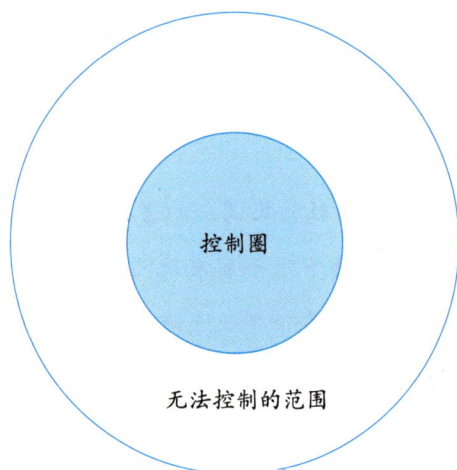

积极的态度就是把注意力放在我们能够控制的事情上，主动行动！

让自己变得更好的六个建议

接下来，我给大家分享一些让自己变得更好的建议！

建议 1：使用积极的语言，问积极的问题。语言看似无关紧要，但在你意识不到的情况下，不断给你的大脑传递信息。消极负面的语言，会消耗你的精力和能量，让你处于糟糕状态。

在学习和生活中，尽可能避免用消极的词汇，一旦想到了消极词汇，可以提醒自己，如果用积极一点的表达可以是什么？如果可能，你做什么可以让事情变得更好？在我们成长的过程中，尽可能多问积极的问题，少说一些抱怨的话，从这个角度讲，成长就是一种选择，你可以走入阴影中，也可以走进阳光下。

以前我觉得，"棒极了！"这样的话很鸡汤，可是，看看这两种回答哪种更具影响力呢？

"今天感觉怎么样？"

——"还行吧。"

——"棒极了！"

一句"棒极了！"并且做出如同胜利的那种握紧拳头的动作，是不是会感觉身体一下就充满能量了。这就是语言的魔力！试着改变你的语言描述吧，让语言积极一些，体现出"更"，向着好再进一步！

消极表达	积极表达	积极表达传递给大脑的信息
我很无聊！	这可能会更有趣！	我可以做一些让自己感觉更有趣的事儿！
我好累！	我需要更多能量！	我能做一些事儿让自己有能量！
我烦透了！	我可以更开心点！	我可以做一些事儿让自己开心点！
我学习很差！	我可以让成绩变得更好点！	我可以做一些事儿让成绩变好点！
太难了，我不会！	这个有挑战，我可以解决一些！	有挑战，我可以想方法解决一些！

建议 2：主动行动。 有成就的人很少坐等事件的来临，而是走出去促使事件发生；有积极的想法，主动采取积极的行为，用做取代说；自己行动，而不是看别人行动！

如果你有这些被动想法	我建议你主动这样做
我先休息会儿，再去学习	你可以先做个接下来的时间规划，再休息，这样心中有数，父母也不会说你。
不会做的题目，放在那里被动等待	主动思考，如果暂时解决不了，可以查资料看是否能够弄懂；如果还是不行，就主动请教老师或其他人，把不会做的重点内容标记出来。
如果你有这些被动想法	**我建议你主动这样做**
别人会提醒我的，不用着急	在时间点到来前，提前1到3分钟，设置一个提醒点，不要被动等别人催促，而是主动回复。
问题太多不知道该怎么办，于是停在那里什么也没做	把问题列出来，分析问题，找出自己能够做的，把暂时无法解决的放在后边。等把自己能做的做完了，再看更困难的问题是否能解决了，还是不行就请教别人。

回想我在高中时，遇到不会做的题目，基本上不等待，甚至上自习的时候，我会主动跑到老师办公室，让老师帮助解决难题。有时候想想，

那时候的我可能没有考虑到"如果全班同学都这么干，不就乱套了"，然而这种主动出击的精神，是我特别建议你具备的，不要到了不得不改变的时候才行动、才改变。

建议3：走出舒适区，设定目标并专注于当下能做的第一步。绝大部分人喜欢待在自己的舒适区，不是不想改变，只是希望一下子就能解决问题，渴望快速变好；如果要花大气力或者还要等一段时间，就容易放弃，甚至感觉做不到，干脆就不行动了。

打车需要告诉师傅目的地，走出舒适区向着优秀方向行动，也同样需要设定变优秀的目标。很多同学都有自己的梦想和目标，但就因为这个梦想和目标有点大和远，不容易实现，就慢慢懈怠放弃了。这时候，可以分解目标，把目标分解到一周、一两天，然后，迈出行动的第一步，并坚持下去，积少成多，每天多做一点，走出舒适区，到了一定程度就会带来质变。

建议4：培养自己"能做到"的态度。大脑很神奇，一旦你有了一个信念，就会找证据去支持它。我们看到别人的成绩更多是靠后天努力，所谓的天才也并非天生如此，也需要环境和成长，当我们遇到问题、陷入困境，要有"能做到"的信念，采取行动，坚持下去。

能做到	做不到
采取主动，促使事件发生	等待事件发生
思索的是解决方案和各种选择	思索的是问题和障碍
主动行动	被动接受他人行动的影响

我特别喜欢英国剧作家萧伯纳的一句话，希望对你有启发——"人们总是责怪环境造成自己的困境。我不相信环境。人们出生在这世上，

都在寻找所要的环境，如果找不到，那就应当自己去创造。"

建议 5：做出承诺，信守承诺，特别是信守对自己许下的诺言。每天我们都会对别人和自己许下要做的事儿，一旦答应了，就得兑现。我们不喜欢那种答应你又不兑现的人，觉得那种人不可信；一旦我们许下诺言而不去兑现，就会失去他人的信任。不要小看这种看似没影响的语言，它在影响你的内心。如果你总是对自己许下诺言而后又不遵守，比如"我明天要 6 点钟起床"或"我一到家就先把学校作业做完再去玩儿"，结果转眼忘了个干净，没有实现，一来二去，你就会不"信任"自己，一旦遇事儿就会怀疑自己，阻碍你变得更好。

建议 6：多和积极向上的人接触，主动帮助别人。环境很能影响人，如果你身边的人都是消极不求上进的，你就容易被影响，降低自我要求，所以，一定要结交积极向上的朋友，特别是在我们年轻的时候。而且，要多向那些积极、富有斗志的人寻求帮助，身边要有一些能够帮助你走出舒适地带的朋友——如果你想知道自己 5 年后会成为什么样子，看看你所交的朋友以及你所读过的书就知道了。

如果你感到沮丧，缺乏自信，最好的办法就是去为其他人做些事情，主动帮助别人，哪怕是打扫卫生。主动帮助别人，会获得别人的夸奖，这会让你感觉好极了，有种成就感，可以重新找到自信。另外，当你把注意力集中在外部事情，为别人服务时，就不会过于关注自己，就会减少沮丧感。

方向三

培养成长型思维

简单的信念会产生深远的影响

　　没有人会嘲笑婴儿不会说话，说他们笨，因为他们只不过是还没有学会讲话。然而，随着我们成长，遇到各种各样的困惑，很多人开始给自己贴上标签，给自己找借口，于是学习积极性下降，导致成绩下滑。每天我们可能会经历很多情况，每种情况都在接受评价和鉴定：我会成功还是失败？我看起来聪明还是愚笨？我会被接受还是会被拒绝？我感觉像个胜利者还是失败者？

　　即使是最简单的信念，也会形成深远的影响。思维对我们的影响太大了，今天我想告诉你，这些是可以改变的！斯坦福大学心理学教授卡罗尔·德韦克经过长达几十年的研究，给我们带来了新的方向——智力、能力都是可以通过努力学习和练习不断地得到提高，这就是成长型思维！

　　她在教授学生成长型思维及怎样把它运用到学习中时，这样讲道：

　　很多人认为大脑是人体最神秘的器官，他们对于智力以及大脑是如何运作也都不是很了解。当人们思考什么是智力时，往往会认为人生来要么聪明，要么平庸，要么愚蠢，并且人很难改变智力状况。但是新的研究发现，大脑更像是肌肉——它可以不断变化，你越用它，它就会变得越"结实"。并且科学家已经证实，当你学习时，大脑会成长，让你变得更聪明。

　　大脑运作的过程就像互联网，用于信息传递和处理。每个脑细胞就像一台电脑，需要通过脑内"互联网"与一台"电脑"进行信息互换，才能使信息被我们充分利用，大脑的互联网才更精密。当你越发挑战自己的大脑去学习的时候，脑细胞也会不断增多。这样，之前你觉得很难甚至无法做到的事情，比如学一门外语、做数学题等都会变得更简单。你的大脑也会因此变得更加聪明灵活。

很多时候，我们记不住东西，不是因为我们笨，而是我们并没有真的理解，脑科学研究表明当我们真正学好、学懂某样东西时，大脑就会将所学的信息从短暂存储的工作记忆转为永久存储的长时记忆。

改变思维方式的四大建议

现在全球有很多学校在践行成长型思维学习，在我过去二十多年的教学实践中，一次又一次见证了那些改变思维而开始努力后取得的进步和成绩。我想告诉你，自己是一切的根源，成为更好的自己，始于改变你的思维方式，你可以通过下边这些建议，培养成长型思维。

建议 1：坚定信念。我们头脑中有很多不合理的信念，我们需要把一些积极的成长型思维理念植入内心，这时候我们可以把这些信念写到纸上，随身携带，每天都能看到，当遭遇困惑时，可以看看成长型思维的处理方式。写出来看到具有莫大的力量。

信念 1：我可以通过努力学习和练习得到不断的提高！

信念 2：我只是尚不知道，可以通过学习知道！

信念 3：问题、困难、挫折都是学习和成长的机会！

信念 4：发生的事情并不能作为衡量我能力和价值的标尺！

信念 5：我喜欢挑战！

信念 6：我能不断超越自己！

建议 2：相信努力。不少同学认为努力是不聪明的表现，看到别的同学理解得快，就觉得自己智商不如别人高。其实，人与人之间确实有差距，但我们身边绝大部分人是差不多的，别人之所以做得好，是源于过去的积累，这种积累不仅积累了知识、方法，也提升了大脑的理解能力，从而让人脱颖而出。

我儿子现在上小学四年级，他有一个小群体一起学数学。其中有一个学生，让我惊叹不已，一年级就能够自由阅读《哈利·波特》英文原版，三年级时英语单词量有小六千个。看到这里，我们会惊叹这个小孩的天赋，但是，我和他妈妈聊完天才知道，在他读一年级前的两个月里，他每天跟妈妈坚持阅读 5 个小时，开始也是坚持不住，又哭又闹的，在妈妈的陪伴鼓励下坚持下来了，这种努力换来了现在的英语能力，越学越轻松！

这个孩子的父母都是高学历，他妈妈的观点是"时间在哪里，成绩就在哪里"。所以我们把时间和精力投入到哪里，持续付出，坚持下来，哪里就会看到质变！

努力付出是一种伟大的力量，能够改变人的能力和命运。现实中越优秀的运动员越努力训练，越优秀的学生也更加努力地学习。确实人与人之间有差距，有些人更有较高的天赋，但是相比于先天因素，努力因素更有意义。不是让每个人都盲目追求成为最优秀的那个人，而是相比于自己，只要你更加努力，就一定会取得进步，成为更好的自己！

建议 3：专注过程。 采用这个建议时，你需要注意两个层面的问题：

第一个层面，你有过登梯山的经历吗？从梯山上面往下看，很容易担心掉下来怎么办，容易胡思乱想，这时候你只需要全神贯注地看看下一步的阶梯就行。当我们只盯着目标，特别是目标比较大的时候，容易产生无力感，注意力会分散，甚至产生放弃心理。这时候，就需要把目标的实现进行分解，做当下能够执行的计划，特别是眼前一两天的；一旦学会把焦点放在小步骤上，便会有更高的成功概率。

第二个层面，虽然有些好的建议对你有用，但是我们经常不喜欢听，特别是来自父母或老师的管教。这时候可以尝试先做，做的时候把心思放在如何做好这件事上，一旦做的次数多了，我们的想法也就容易改变了，从这个角度讲即是"行为影响了思想"。

建议 4：不惧怕失败。在成长路上，失败并不是坏事，经历失败还能从失败中吸取教训再战胜困难的同学，比那些一帆风顺发展下去的同学，在未来更有战斗力，更不容易被困难打垮。

当你遭遇失败时，不妨问自己这样两个问题
问题 1：我从中学到了些什么？
问题 2：我怎样才能提高？

方向四

反复铭刻优秀行为

大脑如何自动存储信息

　　如果你在某个学科上遇到了困难，就容易退缩，不愿意学；但当你搞定了问题后，又容易坚持做下去了。你不喜欢父母对你指手画脚提要求，但完全不受约束的你为什么更不容易养成好习惯？

　　美国加州大学洛杉矶分校医学院教授肖恩·扬在《如何想到又做到》一书中揭开了谜底。肖恩·扬研究发现人们总是希望事情很容易做，也会坚持做那些极度容易的事情，面对障碍，我们很快就会放弃做某件事，但如果我们学会了怎样消除障碍，就能很容易继续做下去。我们可以通过控制环境、限制选择或使用路线图让事情变得容易。想想我们在平时学习时，可以通过减少书桌上的东西，把手机放到看不到的地方，来减少分心。

　　有没有发现，如果你在假期里自己掌握时间，可能反不如别人给你安排好学习计划的效率高、收获大。当你没有更多选择，只有按照规划好的路线执行时，反而容易坚持下去。从获取成绩看，消除复杂性，减少选择，有严格清晰的路线图是更有效的！但是，我们需要认识到一点，社会是复杂的，当你进入大学，再走向社会时，高中最有效的出成绩法宝可能就没有用了。

　　人类大脑渴望高效运转，其中一项功能就是让人付出最少，做事更多。如果你反复看到、听到或闻到某种东西（哪怕你并未意识到），大脑就会存储相关信息，让你无需思考便可迅速认出它、检索它。如果你反复地做某件事，比如走相同的上班路线，大脑也会存储这一信息，让你每天不用特意记住怎么走，就能径直到达目的地。大脑对人也会采取相同的方式，如果你反复跟一个人互动，大脑便会存储这些信息，好让你自然而然地觉得跟他在一起更舒服。

重复一个行为就能教会大脑记住它，让它更容易被坚持下去。大脑会把行为铭刻下来。反复刺激能让行为变成习惯，铭刻进脑海。奥运历史上获得奖牌及金牌最多的运动员菲尔普斯有一套高度纪律化的赛前仪式。他从 12 岁起，就会在游泳之前做相同的事情——按照固定方式拉伸，听嘻哈音乐，在胸前来回摆弄手臂，接着站上起跳台。他还是个年轻选手时，就靠着这套仪式取得了巨大的成功，因此他对这套仪式充满了信心。他把熟悉的惯例铭刻在大脑里，坚守过去给自己带来成功的易做惯例，能帮他将行为贯彻到底，在将来也实现类似的成功。

如果你想要锻炼，就让这种行为成为惯例，设定好锻炼时间，定好闹钟，遵照执行。尽量规律。你越能坚持，它就越是会铭刻到大脑里，也就越容易继续下去。如果我们反复做一些对自己有益的事情，比如做事前先做计划，回到家先写作业，这些活动就会铭刻到大脑中，让你更容易坚持下去。

让自己更优秀的五大启发

如何成为更好的自己，肖恩·扬的研究给了我们很多启发：

启发1：控制身边环境，减少影响因素，接纳积极有效的规划安排，让自己容易坚持。

启发2：固定好的行为形成习惯，帮助自己进步。比如，早上固定好时间晨读，反复阅读。

启发3：经常读优秀人士传记故事，给大脑铭刻优秀源。

启发4：绘制未来蓝图本，每个周末在本子上书写自己的未来蓝图，描绘自己实现时候的样子。

未来蓝图本	
日期：	蓝图人：
1.未来我渴望成为什么样的人？	
2.未来我渴望做什么事情？	
3.当我实现后有什么样的感受？	

启发5：做目标分析本，固定日期做目标分析，将有助于实现目标的信息铭刻于大脑，便于自己坚持。

目标分析本	
日期:	目标人:

1. 我的目标是:

2. 为实现目标,我应该做什么?

3. 什么会阻碍我实现目标?

践行习惯养成的"四步魔法"

知道还要做到

"坐着不动是永远也赚不到钱的",知道了却不去行动,是不会有结果的。孩子知道很多道理,他们从来都不喜欢父母和老师的说教,可是知道是一回事,却总是做不到;父母也明白怎么做是对孩子好,怎么做会对孩子成才有利,可就是难以遏制自己的情绪,知道了却做不到、做得少,或者能坚持下来的少。

在"2004年杰克·韦尔奇与中国企业高峰论坛"上,有两千多名中国工商界精英参与,许多人都希望从杰克·韦尔奇那得到"一招灵"式的秘诀。当时有一幕给所有人留下了深刻印象。

有中国企业家问:"我们大家知道的都差不多,但为什么我们与你们的差距那么大?"

这位通用电气前总裁、20世纪全球最杰出的经理人一字一句地回答说:"你们'知道'了,但我们'做到'了。"

知道了永远是不够的,只有行动才可以把想到的变为现实,也只有做到了才会让你的梦想成真。人性有两大弱点:知而不行和行而不恒。也正是由于无法克服这两大弱点,大多数人无法取得自己设想的成就。

其实学习也是如此,很多同学明显带有浮躁心理,总希望得到"灵丹妙药",希望一下子"得道成仙"解决自己所有问题。自己不是不知道方法，而是觉得这个方法不是最好的，有时候即使明明知道了方法，又觉得执行起来太辛苦，想找一个省力又最有效果的方法。其实，这些方法可能就是好方法，只不过你只是"知道"却没有"做到"。假如你认真做了，结果可能比你想象的更令人满意。

　　我举一个简单的例子。很多人都知道做笔记，这是我们在学校都坚持的事情，可一旦离开了学校有多少人还会坚持记笔记呢？现在的人喜欢参加各种辅导和培训，而在这个过程中我们往往要学大量的内容，仅靠听是不可能完成整个学习过程的，除非我们能够拥有一双照相机般的眼睛。听到的东西，过一段时间就会忘记；记了笔记，过一段时间至少我们可以温习，可以让以往的学习内容重现。但这不是应付公事，不能当作任务来做，而应该让其成为自己的习惯。也许起初不易，但时间久了、重复次数多了也就容易了。

习惯养成的"四步魔法"

养成习惯要么通过外力，要么靠自己的主观意志，如果你意志不坚定就要适当考虑通过外界（父母、老师、朋友等）"强制"帮助，一旦有了成效就会提升你的内在能动性，逐步实现通过自己的主观意志内在力量养成习惯。

我的恩师周士渊老师，是中国习惯养成的践行者、传播者和集大成者，他坚持习惯养成二十多年，发现了习惯养成的秘密，我从周老师的"秘密"中受益良多，现在分享给同学们，让我们一起来实践习惯养成的"四步魔法"。

魔法一：习惯养成的必要性

"毫无疑问，习惯具有莫大的力量，但莫大的力量与我相关吗？"

假如习惯不能和自己关联起来，它的重要性就要打折扣，所以，当你要培养一个好习惯或征服一个坏习惯时，要考虑其必要性。你可以从三个角度思考习惯与自己的相关性：

角度一：如果养成了这个习惯，对自己有哪些好处？

角度二：如果不养成这个习惯对自己有哪些坏处？

角度三：什么时间养成这个习惯对自己的好处大？

另外，你要考虑习惯从哪里来——培养什么好习惯，征服什么坏习惯。你可以从下列角度思考习惯的来源：

来源一：**理想和抱负。**理想和抱负是我们努力奋斗的动力，有益于实现理想和抱负的事情都是习惯的重要来源。

来源二：**目标。**当下目标、中长期目标，这些你迫切想实现的目标为你提供了思考的素材，要实现目标你需要具备什么，这也是习惯的重要来源。

来源三：**问题、困难、瓶颈和短板。**遇到的问题和困难，阻碍你的瓶颈，亟待提升的短板，这些你内心迫切想解决的事情，都是你习惯的重要来源，一旦从中提取了某种习惯，你实施的劲头就会很大。

来源四：**增加"回头率"，渴望别人称赞的东西。**谁都想赢得别人的认可，获取别人的关注，有助于正向增加"回头率"的事情，也是习惯的重要来源。

记住：那些能帮你赢得迫切想要的东西的事情，就可能是你习惯的来源，它们与你息息相关，养成它们太必要了。

随身携带三个习惯列表，随时查看习惯记录，让好习惯印象更深刻，让坏习惯无所遁形，同时，你也方便从坏习惯中寻找新的好习惯——待养成好习惯，尝试一下吧。

工具十二：我的习惯表格（好习惯表、坏习惯表和待养成习惯表）	
好习惯表	
序号	好习惯说明
1	随身带书：随身带一本书的习惯，利用空闲琐碎时间从书中获取知识；
2	
3	
4	

坏习惯表

序号	坏习惯说明
1	拖拉：起床、吃饭比较磨蹭，总要被提醒几次才做；
2	
3	
4	

待养成好习惯表

序号	待养成习惯说明
1	自我激励：遇到困难时，对自己说："太好了，机会来了！"
2	
3	
4	

魔法二：习惯养成的可行性

有益的习惯有很多，但未必每个都适合你，习惯的养成也要注意顺序，有些好习惯现在很难养成，但将来又可以养成；有些坏习惯现在很难克服，但将来又能克服。所以，你要考虑要养成的习惯是否可行——现在有益、现在可行。

学习外语很重要，冲动之下，养成一天背诵 100 个单词的习惯，可行吗？能一天背诵 100 个单词很正常，但是，今天 100，明天 100，好家伙！10 天就是 1000 个，厉害啊！可是能长久吗？别忘了记忆是有遗忘的，为了防止遗忘那就要复习，10 天后每天复习的单词也有好几百个，你觉得坚持下来的可能性有多大？记住：习惯最怕冲动，最怕心血来潮，冰冻三尺非一日之寒，能坚持 21 天吗？

考虑可行性，我们可以借鉴"精灵原则"——SMART 原则：

Specific：习惯要具体化。"我要锻炼身体"，可什么才是锻炼身体？跑步、打篮球……你要具体些。

Measurable：习惯要数字化。"我每天跑步锻炼身体"，跑步可以，你要跑多远？跑多久？最好有一个具体的数字。

Attainable：习惯的门槛不要太高，要易于实现。"我每天背诵 100 个单词"，不错，可问题是能坚持多久？开始的数量不要太多，如果对英语兴趣小，那就每天背诵 3 个单词。

Relevant：习惯要符合自己的实际，具有相关性。"我每天 5 点钟起床跑步"，你每天都学习到 12 点了，再 5 点起床跑步，能坚持多久？下雨、下雪还出得来吗？养成习惯的行动一旦中断两三次，就可能荒废掉。

Time-based：养成习惯要考虑时间。什么时候开始培养习惯？什么时候养成习惯？你要考虑习惯养成的时间期限。

如果习惯既必要又可行，实施起来就会节节胜利，你的劲头就会越来越大，情绪也会越来越高涨；相反，如果仅有必要性，却不可行，一旦遇到挫折，问题暴露了，你就容易放弃，进而影响你的自信心，以致放弃。

魔法三：习惯养成的策略性

当习惯既必要又可行，就要付诸行动，下面介绍习惯养成的一些策略：

策略一：关键是"少"和"小"。

少：从总体战略而言，每个阶段培养习惯，要讲究一个"少"字，不要贪"多"。

不要想着一口气养成好多习惯，要一个一个来，集中兵力逐个养成，一旦养成或征服一个，兴趣就大了，劲头也就足了，就容易接二连三地养成，形成良性循环。

小：从具体战术而言，每个习惯开始培养时，要讲究一个"小"字，不要贪"大"。习惯养成之初，注重从容易处、细处着手，一口气背100个单词不容易，可是5个、10个还是容易的；每天抽出一个小时锻炼不容易，可是5分钟原地舒展下筋骨还是很容易的。

策略二：注意"开头关"，关键是前3天。 要中彩票，必先买彩票，你必须走出第一步，记住：习惯养成的前3天很重要。俗话说"不管三七二十一"，认真前3天，之后是一星期，如果一星期后还能兴趣盎然，那就努力坚持21天——行为主义心理学认为，一种行为重复21天就会初步形成习惯，重复90天会形成稳定的习惯。

策略三：从容易处着手。 养成一个新习惯意味着改变自身的"状态"，有一定的难度，所以要从容易处着手，不要意气用事，不要逞能，从容易的开始，从容易处开始。

策略四：逐个击破。 左右开弓很酷，但不是每个人都能。要善于聚焦，从一点开始突破，千万不要着急，先从众多习惯中挑出一个，全力盯住它、对准它，这样就很容易成功。

策略五：循序渐进——迈小步，不停步。 一口吃不成胖子，路要一步一步走，养成习惯更是如此，注重"少"和"小"的结合，小进步，不停步，进入良性循环，养成一个又一个好习惯，从而不断超越。

策略六：从好习惯开始。 每个同学身上都有坏习惯，我们也想克服坏习惯，但坏习惯不容易克服，它不是一朝一夕产生的，而是几年甚至十几年逐步形成的，如果一开始就针对坏习惯，很容易碰上钉子，遭遇打击后我们很容易对克服坏习惯失去信心。相比之下，养成一个好习惯则要容易得多，而且养成了好习惯并不妨碍克服坏习惯；相反的，好习惯养成得多了还有助于坏习惯的克服。比如，有些同学有痴迷游戏的习惯，可是一旦养成了阅读的习惯，就会挤占玩游戏的时间，当阅读习惯占"上风"时，便有利于克服痴迷游戏的习惯。

　　策略七：好习惯加法，坏习惯减法。这是著名儿童教育专家孙云晓和著名心理学家张梅玲教授大量研究后发现的一种重要策略。培养好习惯用加法，假如让一个不读书的人养成读书的习惯，可先从小说、杂志、评论开始，然后再是一些理论性较强的书籍。如果上来就是《资本论》《微积分》，那就麻烦了。克服坏习惯用减法，比如克服"网瘾"，让你一下子就戒掉很难，但是可以一天一天减少上网时间，这样成功率就会高些。当然，你也可以通过养成坏习惯对应的好习惯，帮助克服坏习惯。比如，要养成利用零碎时间的好习惯，就可以从养成随身带一本书的习惯开始，一旦有空闲，就可以拿出书看两眼。因此你想克服某个坏习惯时，就可以把它转化为一个或几个相应的好习惯，养成好习惯总比克服坏习惯容易些，这样克服坏习惯也就容易多了。

　　策略八：注意时常提醒、监督和检查。养成习惯的过程要时常提醒自己，看看是否做到了每天的要求，是否达到要做的量，一旦走错了方向，要马上纠正。

魔法四：习惯养成的操作性

　　工欲善其事必先利其器，养成习惯还要考虑适合自己的"工具"。建议各位同学参考下边的"习惯养成说明表"和"习惯养成日志"，自己动手用A4纸或笔记本纸制作属于自己的习惯养成"工具"。

工具十三：习惯养成利器——"习惯养成表"

待养成习惯的说明：

习惯养成开始时间：

习惯养成结束时间：

习惯量化说明:(每天要做什么,坚持做多久,譬如每天记20个单词;做的时间安排,可以固定某个时间段,也可以是零散的)

习惯养成日志

(说明:7天为一轮,鉴于纸张空间下边只列举了3天;每日的"提醒""监督""做到"下边分别打"√"或"×","√"表示当日提醒了、监督了、做到了,"×"则表示没做到。)

第一天 ___年___月___日			第二天 ___年___月___日			第三天 ___年___月___日		
提醒	监督	做到	提醒	监督	做到	提醒	监督	做到
今日反思：			今日反思：			今日反思：		

说明:"今日反思"中可以填写自己没有做到的原因,或者做到的收获,尤其是要思考没有做到的原因。

工具索引

感谢你能读这篇文字，《学会自己长大》出版至今已经十年了，这十年来它也帮助无数读者走出了成长困惑。感慨时间飞逝，世界也发生了巨大的变化，但令我感受最深的是，无论外界的变化多么巨大，个人成长进步的核心依然是自己。成长环境的变化，可能让成长面临的问题更加复杂，比如现实社会和虚拟网络社会的日益融合，网课也让网络成了我们学习和成长极为重要的载体。

那时候和同学们的链接更多是通过 QQ、公众号和书籍，网络新媒体的发展，让我们的交流变得更加多元，既可以在线上直播，也可以看一系列分析问题的短视频。但是，让我更坚定的是，文字的力量，文字的阅读能让我们静下心来，深度思考我们成长中出现的问题。正是对此有了深刻的理解，在十年后的今天，我重新梳理了《学会自己长大》，从原来的两本书变为现在的三本书:《学会自己长大①：如何成为更好的自己》《学会自己长大②：如何成为更受欢迎的人》《学会自己长大③：如何成为学习高手》。在①中，我更强调自身内在，是我们自己的自我问题、学习问题、情绪问题、行为问题，以及目标生涯规划问题，看到问题的多个方面，在思考中找到让自己变得更好的方向、方法和力量；而在②中，我更强调自己与外界的关系，分析成长中与同学、朋友、老师和父母之间的人际问题以及我们青春期懵懂的情感问题，正视并重视我们的人际关系，意识到这种决定我们学校表现和未来成就的"学习能力"，然后指导大家如何提高自己的人际交往能力，认识信用，帮助大家成为值得自己和他人信任的人；在③中，通过分析我指导过的学生、自己的学习经历和其他学习高手的学习经历，向大家分享当下和未来至关重要的自主学习模式，尤其是在今天的互联网时代，如何获得更多优质资源，降低学习成本，成为学习高手。

这十年，也是我人生最动荡的十年，看到和经历太多浮沉，越发认识到自己是一切的根源，唯有坚持才能走出困境。"相信，坚持，看见"这六个字更是我深深刻在骨子里的，始于相信，成于坚持，最终看见！《学会自己长大》不仅仅是给青少年同学们看的，更是我自己走出困境的思想来源。

这十年，深受众多朋友和前辈鼓励，尤其是黄明安院长和袁隆平院士，他们的研究、理想和坚持不懈的精神，是我坚持做教育的动力。认识黄明安院长始于我的大学同学，他们跟七十多岁的黄院长在柬埔寨培育瓜尔豆，后来在柬埔寨培育种植超级水稻，老爷子八十岁的生日时，我让办公室的伙伴送了一份描绘他经历的手绘画册。袁隆平院士是黄院长的私交好友，如同我跟我同学的关系，我的书籍也深受两位前辈的鼓舞和支持！

成长是我们一生的话题，不管社会如何变化，自己是一切的根源，再多的资源，也需要回到自身，需要自己动起来，破解成长的困惑，让问题成为我们进步的力量。

《学会自己长大》系列开启新的十年，未来我也希望从更多方面帮助到大家，比如如何在移动互联网的变化时代规划我们自己的人生，如何更好地和朋友、父母沟通，如何具备批判思维能力而不迷茫于虚拟网络中，如何在移动互联网甚至元宇宙、人工智能时代成为有影响力的人……

《学会自己长大》从最初的青春自助手册到现在的全新样貌，我希望它能够成为我们的一种信念：我们会成长进步，会发光发热，我们的未来会更好，成为家庭支柱，成为国家的力量！

再次感谢你的阅读！

感谢长江文艺出版社的大力支持，感谢我的责编的支持和督促，让《学会自己长大》系列重新焕发生机，十年磨一剑，开启新的未来。变化的未来中，唯有"学会自己长大"不变！

图书在版编目（CIP）数据

学会自己长大. 1，如何成为更好的自己 / 和云峰著
. -- 武汉：长江文艺出版社，2023.8
ISBN 978-7-5702-3064-8

Ⅰ. ①学… Ⅱ. ①和… Ⅲ. ①习惯性－能力培养－青
少年读物 Ⅳ. ①B842.6-49

中国国家版本馆 CIP 数据核字(2023)第 073124 号

学会自己长大. 1，如何成为更好的自己
XUEHUI ZIJI ZHANGDA. 1, RUHE CHENGWEI GENGHAO DE ZIJI

责任编辑：刘兰青　龙子珮　　　　　责任校对：毛季慧
封面设计：漠里芽　　　　　　　　　责任印制：邱　莉　王光兴

出版：长江出版传媒　长江文艺出版社
地址：武汉市雄楚大街 268 号　　　邮编：430070
发行：长江文艺出版社
http://www.cjlap.com
印刷：长沙鸿发印务实业有限公司

开本：700 毫米×970 毫米　　　1/16　印张：18.25
版次：2023 年 8 月第 1 版　　　　2023 年 8 月第 1 次印刷
字数：226 千字

定价：48 .00 元